알아야 할

벽면녹화의 Q&A

(재)도시녹화기술개발기구 특수녹화공동연구회 편

김원태 · 윤용한 · 한규희 역

기문당

머 리 말

1990년 구미 이외의 지역인 오사카에서 처음으로 개최된 국제원예박람회 「국제 꽃과 녹음 박람회」 입장객이 2000만 명을 넘어 큰 성공을 거두었다.

꽃과 녹음을 주제로 한 국제 행사의 성공을 계기로 일본의 도시정비는 어떠한 방향으로 나아갈 것인가? 거품경기도 정점을 지나 거품기의 도시정비에 대한 반성도 조금씩 나오게 된 시기이다. 이러한 와중에 꽃과 녹음의 박람회에서 제안되어 시도된 녹화기술을 이벤트성의 기술에 그치는 것이 아니라 새로운 시대의 도시조성, 더 나아가 국토조성으로 전개할 수 있도록 기술연구를 더욱 진행시켜 나가기 위해 (재)도시녹화기술개발기구가 발족되었다.

도시에서는 개발이 진행되었으나, 본래 개발에 맞추어 계획적으로 확보되어야 할 녹지나 이를 대신하기 위해 정비되어야 할 도시공원의 정비도 진행되지 않은 채 도시는 녹지결핍 상황에 놓이게 되었다.

한편, 1992년 브라질에서 개최된 '환경과 개발에 관한 국제연합회의' (지구 서미트)에서는 인류가 지속적으로 성장을 계속하기 위해 지구환경 차원에서의 환경을 의식함과 동시에 그 중심적인 역할을 녹지에 기대해야 한다는 국제적 공통인식이 성립되었다. 일본에 있어서도 인간과 자연이 조화를 이루는 환경공생도시(에코시티)야말로 새로운 시대의 목표로 삼아야 할 도시상이라는 인식이 바탕이 된 정책이 입안되었다.

그러나 고밀 개발이 진행된 도시에서 새로이 대규모적인 오픈 스페이스를 요구한다는 것은 단지 꿈일 뿐이다. 그렇다면 도대체 어디에 목표를 두어야 할 것인가? 도시 내에는 콘크리트 아스팔트로 이루어진 인공적으로 창출된 공간이 많다. 하지만 이들 공간은 식물의 생육에 필요한 3요소, 즉 생육기반이 되는 토양, 살아가기 위해 활동에 필요한 최소한의 태양광과 물이 부족하거나 없는 공간이다. 이들 공간을 녹화할 수 있다면 도시는 녹음에 둘러싸인 정취 있는 공간이 될 수 있을 것이다. 이것이 1991년 (재)도시녹화기술개발기구 특수녹화공동연구회 발족의 도화선이 되었다.

그 당시에는 길모퉁이를 장식하는 꽃탑(花柱)이나 플랜터, 식재 컨테이너의 규격 검토부터 착수하였다. 도시 녹화기술로서는 당시, 아직 절정기를 맞이하지는 못했지만, 거품경기를 배경으로 하여 거대한 아트리움이 있는 건축물이 많이 출현하여 아트리움에 대한 녹화기술(실내녹화기술)이 요구되었다.

이후, 열섬현상, 자연과의 만남의 기회가 감소하는 등의 도시 문제를 배경으로 도시 내에 광대한 면적을 가진 건축물의 옥상이 녹화 대상공간으로서 주목을 받게 되었다.

1990년 도시계획중앙심의회에서는 시가지 내에 창출된 옥상 등의 인공적 공간을 녹화를 위한 신공간으로써 규정하고, 적극적으로 녹화를 진행하기 위한 기술개발을 후원하였다.

최근, 도시 내에 존재하는 콘크리트면, 아스팔트면이 열을 축적하지 않도록 하는 것이 열섬대책으로서 효과적이라는 사실이 실험을 통해 검증되었다. 이와 같은 상황 속에서 옥상공간보다 면적인 측면에서 광범위하게 존재하는 공간으로서 벽면이 주목을 받기 시작하였다. 벽면은 건축물의 벽면에서 토목구조물의 벽면에 이르기까지, 그 대상은 다양하다.

2005년에 개최된 아이치(愛知) 세계박람회 '아이(愛) · 지구박람회' 회의장에는 도시의 환경압 저감에 효과가 기대되는 자립형 녹화벽 바이오렁(Bio lung)이 출품되어 각종 벽면녹화기술이 제안되었다.

이 무렵, (재)도시녹화기술개발기구 특수녹화공동연구회는 벽면을 녹화하기 위한 연구성과를 "알아야 할 벽면녹화의 Q & A"로 정리하였다. 이를 계기로 다양한 벽면녹화 방식이 검토되고, 더불어 선진적인 프로젝트로서의 도전이 이루어지며, 이에 대응하는 녹화기술의 등장이 기대되는 바이다.

인간과 환경이 조화를 이루는 도시조성에 주요한 역할을 다하는 녹음. 도시 내에 존재하는 공원 · 녹지에, 인공적 공간에 창출된 녹음이 더해짐에 따라 도시에 녹지네트워크를 구축한다. 이것이 환경공생도시(에코시티) 실현의 첫걸음이 될 것으로 확신한다.

재단법인 도시녹화기술개발기구
전무이사 이가라시 마코토

3장 벽면녹화의 설계

관련자료

건물의 벽면녹화

1972년 시공된 벽면녹화의 효시. 현재의 모습은 2001~02년 보수 후의 상태
[도쿄도 미나토구 · 야쿠르트 본사빌딩/하수형(下垂型) 보조자재 있음 → Q.49]

벽면을 녹화대상으로서 디자인한 최초의 건물. 의장성이 높다.
[고베시 · 샬레 · 포트아일랜드빌딩/등반(登攀) · 하수(下垂) 병용형 보조자재 있음 → Q.48]

극장과 같이 창이 작은 건물의 특징을 살려 대로변의 두 벽면을 전면 녹화
[나고야시 · 치쿠사분카소극장/등반 · 하수 병용형 보조자재 있음 → Q.50]

베란다녹화와 옥상녹화를 잘 융합시켰다
[오사카시 · NEXT21/등반형 보조자재 있음]

건물벽면의 아름다운 곡선과 알제리아 아이비 녹화가 조화를 이루고 있다
[후쿠오카시 · 캐널시티 하쿠다/하수형 보조자재 없음]

지상 150m에 있는 옥상벽면녹화
[도쿄도 치요다구 · 미쓰비시 UFJ신탁은행 본점빌딩/기반조성형 → Q.51]

건물의 벽면녹화

학교의 벽면녹화. 여름철 일사를 차단한다
[도쿄도 아다치구 · 구립 나카지마네 초등학교/등반형 보조자재 있음]

의장성이 높은 건물을 장식한 녹화
[도쿄도 미나토구 · 프라다 부티크 아오야마점/기반조성형 : 이끼의 이용]

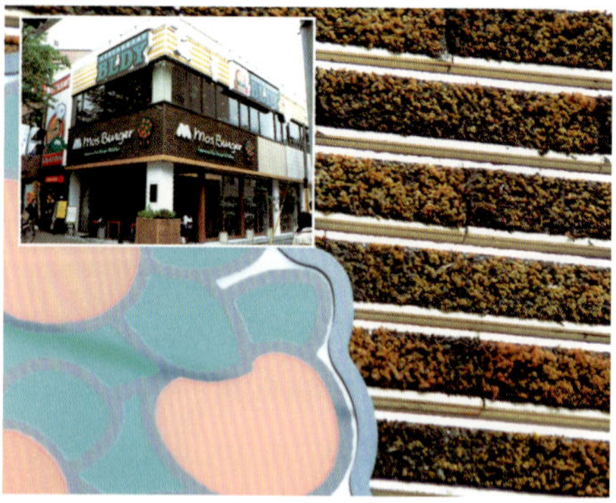

내방객의 시선을 끌어당기는 이끼로 만든 인상적인 녹화간판
[도쿄도 구니타치시 · 모스버거 구니타치점/기반조성형 : 이끼의 이용]

나무가 평면적으로 심어져 있는 녹화
[효고현 아와지시 · 아와지 경관원예학교/에스페리아 : 과수의 이용]

입체주차장을 녹화한 사례. 저관리
[도쿄도 세타가야구/등반형 보조자재 있음]

개인주택의 사례. 볼륨이 있는 왕모람에 의한 녹화 사례. 잘 관리되어 있다
[도쿄도 코토구/등반형 보조자재 없음]

토목계 인프라의 벽면녹화

환기탑 등의 구조물 사례. 위압감이 저감되어 수경효과가 크다
[도쿄도 신주쿠구 신주쿠역 서쪽입구 광장 흡배기탑/등반형 보조자재 있음 → Q.53]

고속도로상의 벽면녹화. 운전자 눈의 피로를 풀어준다
[사이타마현 카조시 부근 · 동북자동차도 방음벽/등반형 보조자재 있음]

고속도로 교각의 녹화. 아직 시공한지 얼마되지 않았지만, 앞으로 위로 뻗어나갈 것이다
[아이치현-미야시 부근 · 도카이 호쿠리쿠 자동차도 교각/등반형 보조자재 있음]

볼륨이 있는 휘커스 퓨밀라에 의한 도로 옹벽의 녹화
[아이치현 나고야시 · 히가시야마 동물원 도로 옹벽/등반형 보조자재 없음]

반사를 부드럽게 감쇠하는 도로 옹벽의 녹화
[도쿄도 기타구 · 아카바네다이단지 도로 옹벽/하수형 보조자재 없음]

주변 환경과 조화를 이룬 하수형 벽면녹화
[도쿄도 시부야구 · 에비스 가든 프레이스/하수형 보조자재 없음]

벽면녹화에 어울리는 식물

알제이라 아이비
[상록, 부착근]

휘커스 퓨밀라
[상록, 부착근]

비그노니아
[상록, 덩굴손과 흡반]

능소화
[낙엽, 감는 덩굴과 부착근]

담쟁이덩굴
[낙엽, 흡반]

인동덩굴
[반상록, 감는 덩굴]

시계꽃
[반상록, 덩굴손]

으아리(품종명; 아만디)
[상록, 감는 잎자루]

반들가시나무
[반상록, 포복성]

덩굴장미
[반상록, 포복성]

능소화의 꽃
[낙엽, 감는 덩굴과 부착근]

캐롤라이나 자스민의 꽃
[상록, 감는 덩굴]

으아리(품종명; 아만디)의 꽃
[상록, 감는 입자루]

시계꽃의 꽃
[반상록, 덩굴손]

셈퍼비렌스 인동덩굴의 꽃
[반상록, 덩굴손]

반들가시나무의 꽃
[반상록, 포복성]

벽면녹화에 의한 열환경 개선

사진 정면의 녹화된 벽면의 효과를 본다. 바로 앞은 인조잔디 광장
[아이치 세계박람회 바이오렁]

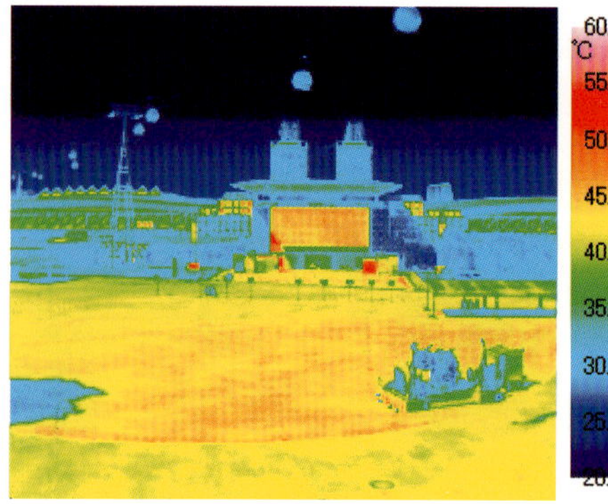

왼쪽의 열화상. 한여름(7/28) 오전 9시의 모습

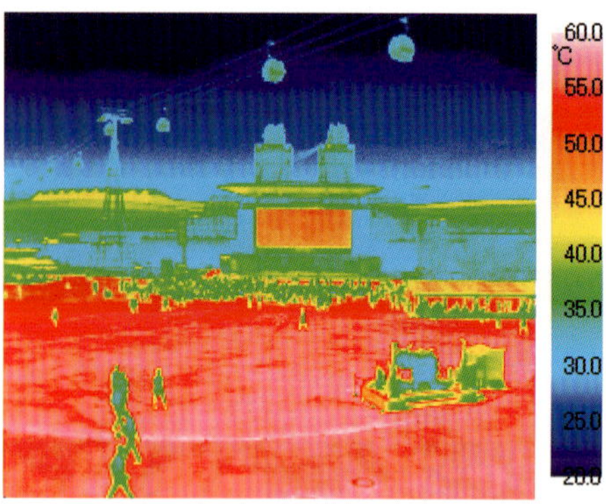

같은 장소의 정오의 모습. 녹화된 면의 온도 상승은 적다

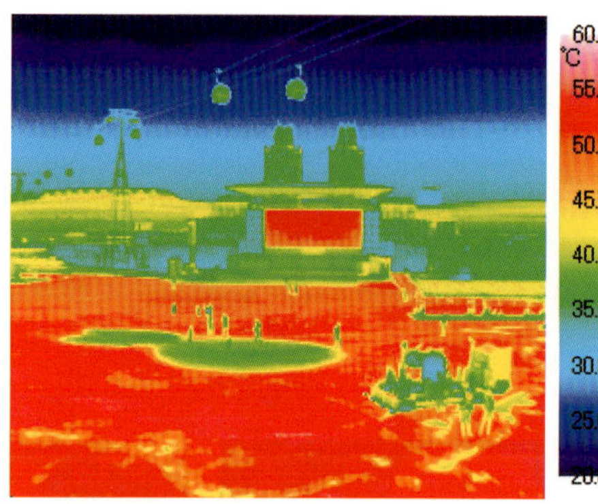

같은 장소의 오후 3시의 모습. 중앙부의 푸른색으로 비춰지고 있는 저온부는 살수하였기 때문

녹화벽면을 이용해 통로를 만든 사례
[아이치 세계박람회 바이오렁 회랑]

왼쪽의 열화상. 벽면의 온도가 낮아졌다

녹화벽면을 이용해 통로를 만든 사례
[아이치 세계박람회 바이오렁 회랑]

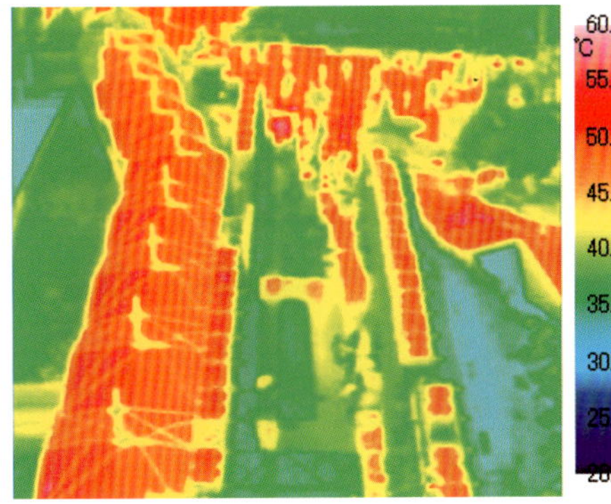

왼쪽의 열화상. 녹화벽면으로 둘러싸인 통로의 온도가 낮게 유지되고 있다

외벽을 완전히 녹화한 사례
[나고야시(名古屋市) 치쿠사분카(千種文化)소극장]

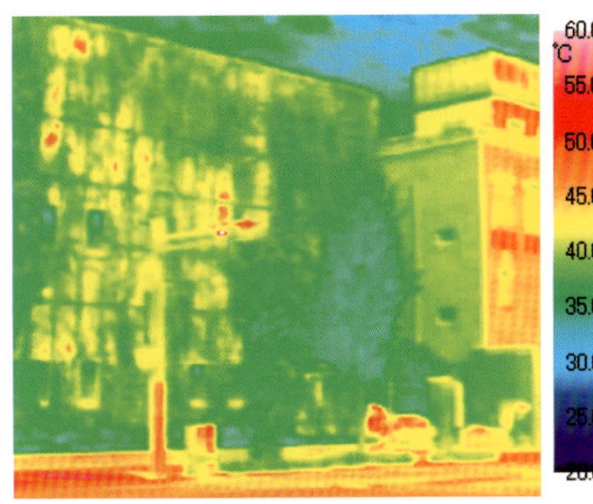

왼쪽의 열화상. 이웃 건물에 비해 온도가 내려갔다. 또한 초록색의 농담에 의해서도 차이가 난다

벽면녹화의 수경효과

콘크리트 담장이 있는 보도

벽면녹화 후의 경관

기간이 한정되어 있는 벽면녹화

2005년 아이치 세계박람회에서 실시된 실험 녹화벽면 '바이오렁'. 녹음 회랑으로 이루어진 바이오렁 회랑
[바이오렁/기반조성형]

에스페리아형 벽면녹화. 인공토양을 채운 플랜트에 식물을 심어 철망 받침대로 높게 겹쳐 쌓아 녹화를 실시한 시스템
[바이오렁/기반조성형]

세라믹 기반에 이끼를 식재한 시스템과 덩굴식물 등반형 시스템
[바이오렁/기반조성형]

다양한 식물이 생육할 수 있는 블록을 패널유닛화 한 것
[바이오렁/기반조성형]

현대적 일본풍 정원 한쪽에 모뉴먼트풍의 새로운 입체녹화를 창출
[하마마츠시 시즈오카 국제원예박람회2004/기반조성형]

가설울타리의 벽면녹화. 공사현장이라고는 생각지 못할 벽면의 장식
[도쿄도 시부야구 · 진구마에 재개발사업/기반조성형]

1장

벽면녹화의 효과·효용

벽면녹화란 무엇인가?

벽면녹화의 의의란 무엇인가?

벽면녹화에는 어떠한 효과가 있는가?

열섬현상에 효과는 있는가?

건물단열에 효과는 있는가?

복사열의 경감효과는 있는가?

대기정화와 소음저감효과는 있는가?

도시의 수경효과를 기대할 수 있는가?

아이치(愛知) 세계박람회 '바이오렁' 에서 벽면녹화의 효과는 검증되었는가?

Q 00. 벽면녹화란 무엇인가?

& A 다양한 수직벽면을 다양한 식물로 덮는 것.
도시 환경을 개선할 목적으로 조성된다.

우리 주변의 벽면녹화

이 책에서 다루고 있는 벽면녹화란

벽면녹화란 말 그대로 '벽면을 녹화하는 것' 인데, 그 벽면이란 어떠한 벽면을 말하는 것인가? 그것은 건물의 구체벽면, 건물을 둘러싼 담장이나 문 등의 외곽 구조물 벽면, 도로 옹벽 · 하천호안 · 교량교각 등의 토목구조물 벽면, 더불어 박람회나 전시회 등의 행사장의 자립벽면 등 여러 분야에 걸쳐 있다. 이 책에서는 벽면녹화를 콘크리트 · 금속 · 목재 등의 구조용 재료 혹은 타일 · 도료 등의 마감재료(비구조재료)로 덮여 있는 구조물의 수직벽면을 다양한 식물로 뒤덮는 것이라고 정의하였다. 벽면녹화에 이용되는 식물은 가장 많은 덩굴식물과 더불어 각종 목본류와 초본류도 대상으로 하고 있다. 벽면녹화는 나중에 Q&A에서도 언급하겠지만, 도시 지역의 열환경을 개선하는 효과를 가지고 있는 것과 더불어 우리들의 주변 생활에 있어서 수경효과와 휴식의 장 창출 등도 기대할 수 있다.

Q&A 01. 벽면녹화의 의의란 무엇인가?

A 도시의 녹피면적 증대, 이에 따른 도시환경의 개선. 또한 건축설계의 관점에서 보면 개성적이며, 환경과 어울리는 마감재로서 그 존재 의의는 크다.

고밀화된 도시에서의 녹피면적 증대

도시 내에서 녹지가 지닌 역할로는 다양한 것이 알려져 있다. 그런데 오늘날 도시화가 진행되면서 필연적으로 건축물이 고층화 · 고밀화되는 가운데 녹음이 상실되어 열섬 현상 등 다양한 도시환경문제가 현저하게 나타나게 되어 버렸다. 또한 대부분의 사람들은 주변에 녹음이 우거진 공간을 요구한다. '도시에 녹음이 필요한가?' 라는 설문조사를 해 보면, 약 80~90% 이상의 사람들이 '필요' 하다고 대답할 것이다.

그러나 토지의 고도이용이 진행된 도심에서는 행정기관이 새로운 토지를 매입하여 녹지를 확보하는 방법은 현실적으로 이루어지기 어렵다. 도시에 녹음은 필요하다고 생각하는 사람들이라 해도 천문학적인 비용을 투자하여 작은 녹지를 만드는 등의 정책에는 찬성하기 어려울 것이다.

따라서 주목을 받게 된 것이 옥상녹화이다. 현재 신축건물에 대한 옥상녹화를 의무화하고 있는 자치단체도 증가하고 있다. 하지만 고층건물에서는 건물 전체의 표면적 중에서 옥상의 비율 등은 미미하다. 무엇보다도 초고층빌딩에서는 표면적의 대부분이 벽면이라고 해도 과언이 아닐 것이다. 따라서 도심부에서 극적으로 녹지의 양을 늘리고자 할 경우, 벽면을 녹화하는 것은 필수 과제가 되었다고 할 수 있다.

수직면의 녹음은 수평면의 녹음과 동등한 존재 의의가 있는 것은 아니지만, 그래도 이 광대한 벽면공간을 녹화할 수 있다면 옥상녹화만으로는 실현하기 곤란한 도시 환경의 개선효과를 얻을 수 있다고 기대할 수 있는 것이다.

환경과 조화를 이루는 건축 표면 마감재

벽면녹화는 매력적인 건축 마감재이다. 오키나와(沖縄)나 싱가포르를 여행한 적이 있는 사람이라면 건물벽면이나 토목옹벽이 형형색색의 꽃으로 뒤덮여 있는 모습을 본적이 있을 것이다. 오사카나 도쿄와 같은 온대지역에서는 이와 같이 꽃이 피는 식물로 벽면을 뒤덮는 것은 어려운 일이지만, 식물의 잎을 이용하여 다양한 색채 · 질감의 건축 외벽면을 만들어 낼 수 있다. 이러한 색채와 질감은 다른 인공적인 건재와는 뭔가 다른 면이 있다. 바람 등에 의한 미세한 움직임, 계절이나 시간 변동에 따른 깊은 음영을 나타내는 복잡한 색채의 변화 등 살아 있는 자연소재로서의 매력이 자유자재로 발휘된다.

또한, 뒤(→Q.02)에 언급한 바와 같이, 벽면녹화에는 심각함을 증가시키는 도시환경 문제의 개선에 기여한다는 공익적 효과가 크다. 설계자나 건물주, 임차인의 환경의식을 사회에 드러내는데 있어서 절호의 기회요소가 된다는 것도 간과할 수 없을 것이다.

▲ 사진 1 건물벽면이 만들어 내는 '도시의 병풍'을 녹음으로 뒤덮다-도쿄도 미나토구〈마츠나가빌딩〉

▲ 사진 2 벽면녹화에 의한「협곡」의 연출-후쿠오카시〈캐널시티 하쿠다〉

Q&A 02. 벽면녹화에는 어떠한 효과가 있는가?

열섬현상 저감, 건물단열성 향상, 열중증의 예방 등 도시환경의 다양한 개선효과를 기대할 수 있다. 또한 건축물 표면의 의장성이 향상됨으로써 경관이나 집객력 향상 등의 효과도 기대할 수 있다.

녹화에 의한 다양한 효과

벽면녹화뿐만 아니라, 도시녹화에 의한 환경 개선효과는 폭넓게 발휘되는 것이 특징이다. 열섬현상 저감, 단열성 향상, 대기정화, 소음저감 등 다수의 물리적 효과를 기대할 수 있는데, 각각의 효과에 대해서는 건축적, 공학적인 대용품이 몇 가지 있다. 특히 대기정화나 소음저감 효과에 대해서는 인위적으로 만들어진 자재에 비해 대단히 낮은 성능밖에 구사할 수 없다. 그러나 이들 폭넓은 효과를 '벽면녹화' 라는 단 하나의 장치로 획득할 수 있다는 것이 최대의 특징이자, 이점이기도 하다.

또한, 조류나 곤충류의 먹이원이나 둥지를 제공하는 생태계 회복효과, 녹음을 바라봄으로써 눈의 피로를 저감시키는 생리적 효과, 마음의 안정이나 정신피로의 회복이라는 심리적 효과 등 인공적인 장치로는 대체하기 곤란한 다양한 효과도 동시에 얻을 수 있다. 더불어 녹음은 원래 도시경관을 형성하는데 있어서 중요한 경관성 향상 요소이다. 따라서 도시 내에 대량으로 설치해도 경관을 해칠 염려가 없다.

열섬현상 저감이라는 하나의 문제만을 생각한다면, 벽면녹화는 최선의 선택이 아닐 수도 있다. 그러나 이러한 다양한 장점을 종합적으로 살펴보면 무리 없이 도시에 설치할 수 있는 가장 사용이 편리하고, 좋은 환경 개선 장치라고 할 수 있지 않을까 한다.

건축의장과 벽면녹화

〈아크로스(Acros) 후쿠오카〉나 〈남바파크스(NAMBA parks)〉(오사카시)와 같은 계단 모양의 옥상녹화는 지상에서 전체를 바라볼 수 있어 녹화를 강조하는데 있어 매우 뛰어나다고 할 수 있다. 그러나 대다수의 옥상녹화는 지상에서 보는 것이 곤란하다. 건축을 장식하는 녹화요소로는 옥상녹화보다도 벽면녹화가 불특정 다수에 대한 설득력이 강하다 할 수 있다.

오사카 미나미센바(南船場)에 있는 〈오가닉(Organick) 빌딩〉**[사진1]**은 이탈리아의 건축가가 설계하여 1993년에 준공하였다. 이 일대는 도매상 거리로, 중앙로인 미도스지(御堂筋)에서 떨어져 있어 준공 당시는 상당히 장소에 어울리지 않는 인상을 주었다. 어딘가 모르게 버블시대의 유산이라는 느낌이 드는 빌딩이다. 하지만 현재 이 미나미센바 일대는 카페나 부티크가 늘어선 오사카에서 최첨단의 젊은이들이 모이는 거리로 변모하였다. 그렇게 되자 이 건물은 거리의 랜드마크로서 빛을 발하게 되었다. 준공 후 10년 이상이 흘러 이 건물의 의장이 드디어 그 진가를 발휘하게 되었다고 할 수 있다.

[사진2]는 도쿄 · 고지마치(麴町)에 있는 〈니반초(二番町) 가든〉이다. 이 건물은 사원 묘지에 인접하여 세워져 있다. 건축계획시 사원측에서 강경한 건축 반대 의견이 있었던 듯하지만, 이 벽면녹화를 제안함으로써 어렵게 동의를 얻을 수 있었으며, 무사히 준공에 이르렀다. 묘지 내의 수목과 원래 볼륨이 있는 녹음 경관이 배경이 되어 도심의 묘지라고는 생각되지 않는 아름다운 공간이 형성되었다. 이 성과로 사원측도 크게 기뻐하여 새로운 건축업무 의뢰 발굴에도 관여하게 되었다고 한다.

▲ 사진 1 오사카시〈오가닉빌딩〉

▲ 사진 2 도쿄도 치요다구〈니반초 가든〉

Q&A 03. 열섬현상에 효과는 있는가?

녹화면적에 비례한 저감효과를 기대할 수 있다. 단위면적당 효과가 지상의 녹음이나 옥상녹화와 동등하다고는 할 수 없지만, 대상 면적이 대규모이므로 실제로 녹화가 진행된 경우의 저감효과는 크다.

녹화면적에 따른 기온저감효과

사진에서 알 수 있듯이 벽면을 녹화하면 녹화하지 않은 벽면보다도 현격히 표면온도를 내릴 수 있다. 이로 인해 빌딩표면에서의 현열량(공기에 직접 전도되는 열량)을 대폭 감소시키기 때문에 열섬 제어에 효과가 있다는 것은 분명하다. 그러나 직사광선에 노출된 녹화면의 온도는 주변 공기보다도 고온이 되어 버리는 경우가 많다. 녹화하지 않은 벽면보다는 훨씬 좋지만 그래도 적극적으로 공기를 식힌다고는 할 수 없다.

이에 비해, 그늘에 있는 녹화면은 잎에서의 증산작용에 의해 공기보다도 저온화된다. 이렇게 되면 도시 대기의 냉각면으로서 작용하기 때문에 열섬현상의 직접적인 저감장치가 될 수 있다. 옥상녹화와 달리 벽면녹화의 경우는 하루 종일 해가 드는 일은 드물다. 따라서 적극적인 냉각면으로서 기능하는 시간이 길어지게 되는 것이다. 열섬 대책으로서 본 경우에 벽면녹화의 장점은 이러한 점에 있을 것이다.

야간에 대해서는 옥상녹화나 지상의 녹화처럼 복사냉각에 의한 저온화를 거의 기대할 수 없기 때문에 냉각효과는 약간 떨어진다고 할 수 있다.

벽면은 옥상의 약 5배 면적

1995년도 일본 주요 도시의 옥상면적, 벽면면적 추산치를 [표]에 게재하였다. 11개 도시의 합계로 보면 벽면은 옥상의 약 5배 면적을 가지고 있다는 것을 알 수 있다. 도쿄와 같은 고층화가 현저한 도시에서는 실제로 24배에 달한다.

이와 같이, 도시 전체에서 점유면적이 크다는 것은 이 면을 냉각할 수 있다면 열섬 제어에 대해서 상당히 큰 효과를 발휘할 수 있는 것으로 기대된다. 물론 벽면의 녹화는 옥상에 비해 현격히 어렵기 때문에 옥상녹화와 같은 형태로 녹화를 추진하는 것은 무리가 있으나, 앞으로의 기술 개발에 따라 녹화 가능한 벽면은 점차 증가할 것으로 생각된다.

아이치(愛知) 세계박람회장 바이오렁벽에서의 실증

2005년 개최된 아이치 세계박람회에서는 '바이오렁'이라는 실험녹화벽면이 전시되었다**(자세한 내용은 Q.08, Q.57 등 참조)**. 이 바이오렁벽으로 둘러싸인 통로 안과 바깥쪽에서는 한여름 맑은날에 약 2℃ 의 기온차가 관측되었다**[사진 1, 2]**

도시명	옥상면적	벽면면적
삿포로	1,547	2,377
센다이	2,570	2,984
도쿄	4,140	98,068
요코하마	3,862	6,502
나고야	4,565	7,904
오사카	1,907	17,883
고베	3,357	5,872
히로시마	1,978	3,250
다카마츠	405	1,664
기타큐슈	3,301	3,623
후쿠오카	2,141	3,099
합계	29,773	153,226

▲ 주요 도시의 옥상 · 벽면녹화(단위:ha)

▲ 사진 1 바이오렁 안쪽의 기온(33.4℃)

▲ 사진 2 바이오렁 바깥쪽의 기온(35.4℃)

〈참고문헌〉 旧·建設省『緑化空間創出のための基盤技術の開発報告書(第一分冊)』(1995)

Q&A 04. 건물단열에 효과는 있는가?

**일사차폐효과는 모든 벽면녹화공법에서 기대할 수 있다.
벽면녹화 가운데 기반조성형의 경우,
옥상녹화와 마찬가지의 흡열효과를 얻을 수도 있다.**

일사를 차폐하는 효과

건물벽면은 옥상만큼 고온화되지 않지만, 석양에 직면한 벽은 여름철 저녁 무렵 표면온도가 40~50℃에 달하는 경우가 있다. 벽면에는 옥상만큼 확실한 단열이 시공되어 있지 않은 경우가 많기 때문에 석양의 영향이 실내에 강하게 나타나는 건물도 있다. 이러한 경우, 녹화에 의해 건물 내부로의 열류를 저감시킬 수 있다. 프리패브(prefab)와 같이 벽체가 얇은 건물의 경우, 특히 효과가 크게 발휘된다.

벽면이 녹화된 건물은 녹화면을 통과하여 건물벽에 도달하는 일사량이 5% 이하까지 감소된다. 이 '양산효과'에 의한 일사 차폐가 벽면녹화에 의한 건물단열의 주요인이다. 그 이유로는 투과율 5% 이하의 차폐 시트를 이용하면 동등한 효과를 얻을 수 있지만, 반사식 차폐시트의 경우, 서로 마주보는 다른 건물에 열을 반사시키기 때문에 영향을 미친다. 또한, 흡수식 차폐시트는 흡수된 일사에너지가 열의 형태로 주위 공기로 방출되어 열섬의 열원이 되어 버리므로 무조건 택할 대책은 아니다. 녹화의 경우는 잎에서 흡수된 일사에너지 대부분이 증산활동과 더불어 소거되어 버리기 때문에 열반사도, 발열도 적은 이상적인 일사차폐장치라고 할 수 있을 것이다.

이 일사차폐 효과에 의해 여름철 맑은날에는 두께 150mm 철근콘크리트벽의 경우 최대 7~8℃, 두께 4.7mm 석면 콘크리트판의 경우 최대 10℃의 벽면 실내측 표면온도의 저감이 실측되고 있다.

식재기반에 의한 건물흡열

옥상녹화의 경우, 식재기반이 옥상 슬래브면에 밀착되어 있기 때문에 토양온도가 건물온도보다도 저온인 경우에는 건물의 열을 흡수하여 방출하는 작용을 한다. 감기로 열이 날 때 얼굴에 젖은 수건이나 흡열 시트 등을 올려 두는 것과 같은 원리이다. 프리패브 건물과 같은 경우, 건물벽면에서의 열유입량이 크며, 녹화된 옥상면이 실온보다도 저온이 되는 경우도 종종 발생한다. 이러한 때에 천장면의 열이동을 측정해 보면 대량의 열이 천장면에서 바깥쪽으로 이동하고 있는 것을 알 수 있다.

이에 비해 담쟁이덩굴이 벽을 타고 뻗어가도록 한 종래의 벽면녹화공법은 벽체와 식물체 사이에 공기층만이 있으므로 외벽면의 온도는 그 당시의 외기온과 같거나 약간 낮은 정도이다. 따라서 적극적인 냉각효과는 기대할 수 없다. 하지만 기반조성형(→ Q.16, Q.19) 벽면녹화의 경우에는 옥상녹화와 마찬가지로 외부에 열을 흡수하여 내보내는 효과도 기대할 수 있다.

[사진2]는 용적함수율이 60% 이상이라는 지극히 보수성이 높은 판을 프리패브 벽면에 부착한 실험장치이다. 이 보수판을 지붕에만 부착한 경우에는 공조에너지가 30% 감소, 지붕+벽면 두 면에 부착한 경우에는 46% 감소하게 된다. 기반조성형 벽면녹화와 옥상녹화를 조합시키면 이와 같은 커다란 단열효과를 발휘하는 경우도 기대할 수 있다.

▲ 사진 1 오키나와의 민가. 일사차폐를 위해 볼륨이 있는 벽면 녹화를 실시한 건물을 자주 볼 수 있다.

▲ 사진 2 보수판을 사용한 프리패브 실험동

〈참고문헌〉 N.Pichakum他 "An Investigation on the effect of shade plant on building to solar radiation and air temperature in summer"『環境情報科学』21-2(1992) 梅干野晁他「ツタの西日遮へい効果に関する実験研究」日本建築学会計画系論文報告集351、平成4年度省資源総プロ·国土センター報告書(1985)

Q&A 05. 복사열의 경감효과는 있는가?

A 건물벽면에서 외부공간에 대한 복사열의 현저한 경감효과를 기대할 수 있다. 열중증 등의 방지에도 도움이 된다고 생각한다.

도시의 혹독한 서열(暑熱)환경

원래 일본의 여름은 상당히 습하면서 더워서 같은 위도상의 온대지역에 비하면 지극히 서열환경이 혹독한 지역이다. 가마쿠라(鎌倉)시대에 쓰여진 "쯔레즈레쿠사(徒然草)" 에는 주거는 여름철의 더위 대책을 제일로 친다는 말이 남아 있을 정도이다. 현대도시에 있어서 이에 박차를 가하고 있는 것이 열섬현상이다. 기온 자체가 상승함은 물론 한여름 한낮의 아스팔트 표면은 50~60℃에 이르러, 도로를 걷는 사람들에게 강력한 적외선을 방사한다. 또한 고층빌딩의 유리창 등에서의 반사에 의해서 직사광 이상의 태양열이 방사되는 경우도 있다.

이러한 장소에서 서열 강도를 나타내는 WBGT(흑구습구온도)를 측정하면 열중증의 위험도는 최고조에 달한다는 것을 알 수 있다. 건강한 사람이라도 장기간 이러한 장소에 있으면 열중증을 일으킬 위험성이 있는 것이다.

냉온 · 냉열면

Q.03에서도 언급했듯이, 벽면녹화는 도시 대기 자체를 식히는 효과를 기대할 수 있다. 즉 그늘의 녹화벽면 표면온도는 기온보다도 낮아지므로 기온이 30℃에 달한다 하더라도 26~27℃정도밖에 되지 않을 것이다. 사람의 노출된 피부는 32~33℃이기 때문에 피부와 녹화벽면을 비교하면 피부의 온도가 고온이 된다.

이때 온도가 다른 것끼리 서로 접하게 되면 복사에 의해서 열이 고온면에서 저온면으로 이동한다. 열역학 제2법칙으로 설명되는 현상이다. 피부에 있어서는 열을 빼앗기는 듯한 느낌, 혹은 찬 복사를 뒤집어쓰고 있는 것과 같이 느끼게 된다. 이것이 체감온도를 내리는 작용을 한다. 실제 찬 복사라는 것은 존재하지 않지만, 냉장기기 관련업계의 용어로는 복사에 의해서 열을 빼앗는 것을 냉열이라 부르며, 사물을 식히기 위한 대표적인 수단이 되고 있다. 또한 차가운 물체로 직접 열전도에 의해서 식히는 것을 냉온이라 부른다.

그늘의 녹화벽면은 기온 35℃ 정도까지의 조건이라면 주변 공기에 대해서는 냉온, 인간의 피부에 대해서는 냉열이 될 것으로 기대할 수 있다. 이와 같은 냉온 · 냉열면을 증가시키는 것이 열섬 저감과 서열환경의 완화에 대해서 가장 효과적인 수단이 되는 것이다.

아이치(愛知) 세계박람회 바이오렁에서의 실증

바이오렁에서는 열환경도 측정되었다. 그 결과, 실제로 녹화면이 냉열면이 되어 서열경감에 효과적으로 기능하고 있다는 것이 실증되었다**[사진1~4]**.

▲ 사진 1 그늘의 바아오렁 벽면(기온 : 32.9℃)

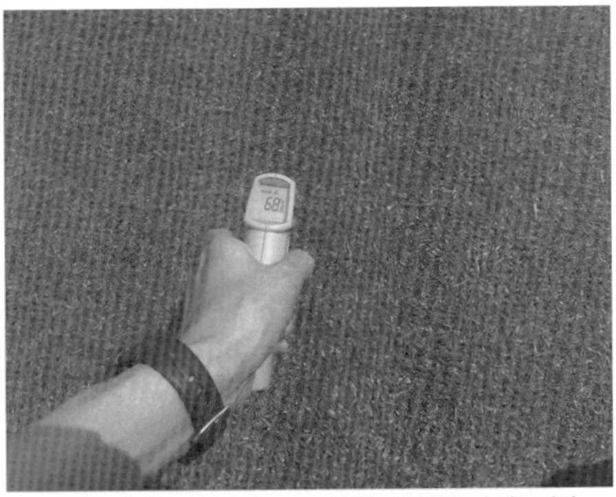

▲ 사진 2 아이치 세계박람회 '아이(愛) 지구광장'의 인조잔디(68.6℃)

▲ 사진 3 바이오렁 내의 WBGT(28.7℃)

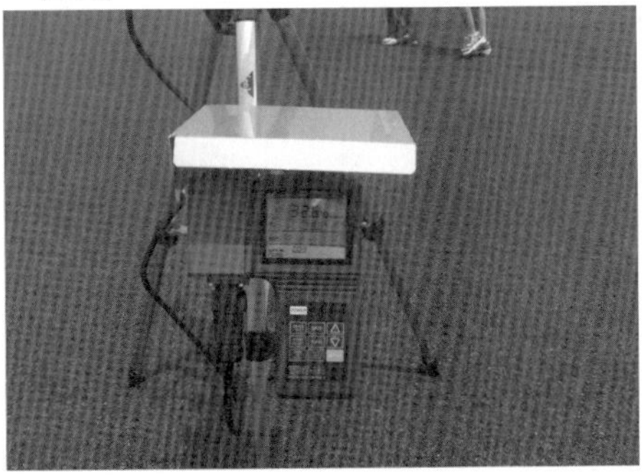

▲ 사진 4 '아이 지구광장'의 WBGT(32.6℃). WBGT가 31℃를 넘으면 옥외활동은 위험하며, 열중증의 위험도는 상당히 높다.

Q&A 06. 대기정화와 소음저감효과는 있는가?

대기정화효과, 소음저감효과 모두 어느 정도는 기대할 수 있다. 기반조성형 벽면녹화는 진동음의 저감효과도 기대할 수 있다.

식물에 의한 대기정화효과

녹화에 의한 대기정화효과는 잎의 기체 흡수, 잎이나 줄기의 액체, 고체 부착 등에 의해 이루어진다. 예를 들면 이산화질소(NO_2)와 같은 대기오염물질은 잎의 기공에서 흡수되어 일부는 식물세포 내에서 대사 · 흡수된다고 알려져 있다. 실험 결과에 의하면 잎의 건조중량 1g당 76.8mg/년의 NO_2를 흡수한다고 보고되어 있다. 공업적인 대기정화 장치와 비교하면 처리속도가 상당히 늦지만, 옅게 확산되어 버린 대기오염물질을 넓은 면적에서 서서히 처리하는데 있어서는 어느 정도 유효할 것이라고 생각된다. 따라서 환경기준을 완벽하게 지키고 있지 않은 도로 등에 있어서 최후의 수단으로 도입하는 방법으로서 효과적이다. 고농도의 오염물질을 극적으로 줄일 수 있는 효과는 기대할 수 없다.

황산화물(SO_X)도 식물체에 흡착되지만 이러한 물질은 식물에 있어서는 유해물질일 뿐이다. 농도는 약간 줄일 수 있을지 모르지만, 식물체를 현저하게 손상시키기 때문에 황산화물을 정화하고자 하는 목적으로 사용할 수는 없다.

분진, SPM(부유입자상 물질) 등의 고체는 식물체 표면에 부착되어 그대로 비로 씻겨 나가게 되거나, 혹은 낙엽과 함께 지면에 떨어진다. 일종의 정화 필터라 할 수 있다. 어쨌든 바로 아래 지면에 오염물질이 축적되기 때문에 중금속 등의 유해물질 제거를 녹화에 기대하는 것은 옳지 않다.

벽면녹화에 의한 소음저감효과

식물에 의한 소음저감효과에 대해서는 예전부터 다양한 조사가 이루어지고 있다. 정글과 같은 장소에 음원을 두고 거리와 음압과의 관계를 조사한 결과에 따르면, 식물체 그 자체에 의한 음압저감효과는 지극히 적다는 것을 알 수 있다. 가로수와 같은 것을 대상으로 측정을 실시해 봐도 그 결과는 마찬가지이다. 공업적으로 만들어진 방음벽 등과 비교하면 식물의 소음저감효과는 비교가 되지 않을 정도로 미미하다.

실제 측정 사례를 살펴보자. **[그림1]**은 구 일본도로공단에서 실시한 측정결과를 바탕으로 작성된 그래프이다. 고속도로에서 사용된 '통일판'이라 부르는 방음벽의 전면을 잉글리시 아이비의 밀도를 바꾸어 피복한 경우의 흡음률을 비교한 것이다. 아이비로 조밀하게 피복한 경우 2,500~4,000 Hz영역에서 비교적 현저한 흡음률 향상이 인정되었다. 음압을 나타내는 dB(데시벨)로 표현하면 그다지 큰 차이가 나지 않지만 어쨌든 소음저감에 기여하고 있다는 것을 알 수 있다.

[그림2]는 서로 다른 세 가지 유형의 벽면녹화에 대해서 녹화전의 콘크리트벽과의 (반사음/직달음) 비를 계산한 결과를 바탕으로 작성한 그래프이다. 콘크리트벽이 70~85% 반사하는데 비해 녹화면은 30~50%밖에 반사하지 않는다는 것을 알 수 있다. 이것도 dB단위로 나타내면 약간의 차이에 불과하지만, 적어도 효과가 없는 것은 아니다. 또한, 아이비를 단독으로 등반시킨 것보다도 기반조성형(→ Q.16, Q.19)이 커다란 저감효과를 나타낸다. 식재기반이 진동에너지를 저감시키고 있기 때문이라고 생각되지만, 이에 대해서는 앞으로 상세한 검증이 필요하다

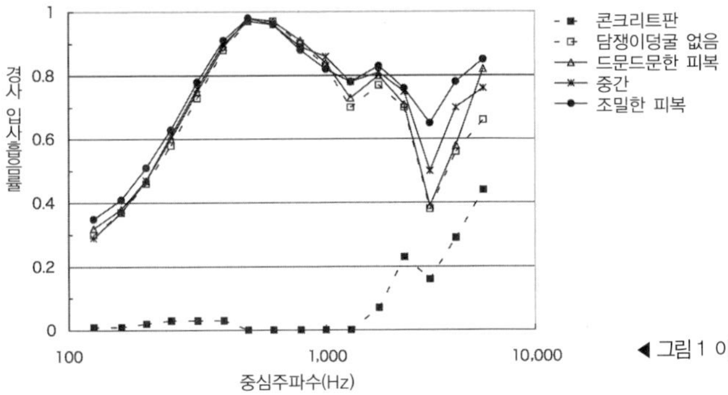

◀ 그림 1 아이비로 뒤덮인 흡음판의 흡음률

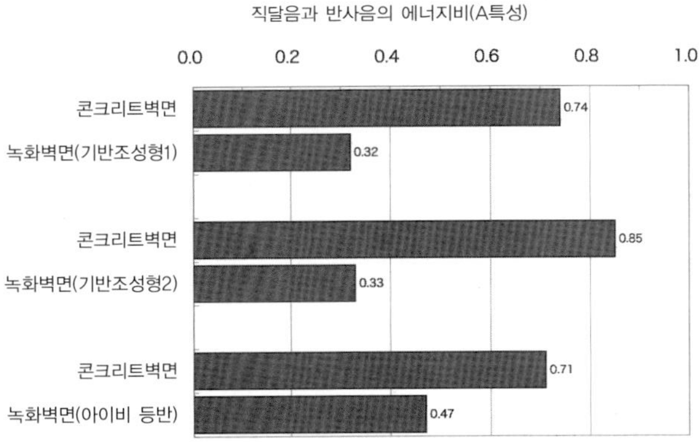

▲ 그림 2 콘크리트벽면과 녹화벽면의 음반사율

〈참고문헌〉 池谷公一他「ツタ被覆にともなう金属製遮音板の斜入射吸音率測定結果」道路振動研究会(2005) (財)都市緑化技術開発機構「道路関係施設への垂直壁面緑化工法検討会報告書」(2005)

Q&A 07. 도시의 수경효과를 기대할 수 있는가?

A 다원적 기능을 가진 "녹음"은 수경효과도 있으므로 건물이 밀집된 도시지역에서는 벽면녹화에 의한 수경효과가 크게 기대된다.

근대부터 현대에 이르기까지 도시의 모습

근대건축의 거장인 르 코르뷔지에는 근대건축의 5원칙으로서 '필로티', '옥상정원', '자유로운 평면', '수평으로 연속된 창', '자유로운 입면'을 제창하였다. 이와 같은 근대건축의 설계방법은 석조나 목조 대신에 철근콘크리트조가 보급됨으로써 세계 곳곳에 침투되었다. 한편, 철근콘크리트 건물은 치장 마감면 등 그 자체만으로도 아름답게 느껴지지만 도시 전체를 이와 같은 구조물이 점유하게 되면 위압감이 있는 건물이 늘어선 거리가 되어 다수의 전통적 건축이나 녹음이 풍부한 거리는 상실되어버리게 된다. 일본의 대도시는 마치 그와 같은 상황에 놓인 듯하며, 합리성이나 기능성만을 중시한 도시 조성의 결과라고 생각할 수 있다.

이러한 상황을 시정하기 위해 휴머니티 중시 사고방식이 요구되고 있다. 이러한 상황 속에서 열환경의 개선, 자연생태계의 보전, 휴식공간의 창출, 도시경관의 향상 등 다원적 기능을 가진 "녹음"이 도시지역에 적극적으로 도입되고 있다. 그러나 건물이 밀집된 도시지역의 경우 지상을 녹화하는 것은 한계가 있으므로 옥상녹화나 벽면녹화에 의존하게 된다. 특히, 대도시의 경우 건물벽면이나 토목구조물의 점유면적이 크므로 벽면녹화를 시공할 수 있는 장소는 얼마든지 있다.

▲ 사진 1 기존 건물의 벽면녹화
(상 : 시공 전, 하 : 시공 후)

"가림"에서 "보임"으로

벽면녹화의 수경이용에 관해서는 옹벽, 환기탑, 고속도로 교각 등의 토목구조물이나 창고, 공장 등의 건물에서 실시 사례를 많이 볼 수 있다. 단단하고 위압감이 있으며, 더러워지기 쉬운 콘크리트 표면을 포근하고 아름다운 식물로 덮어 가리는 것을 목적으로 한 이러한 종류의 벽면녹화는 비교적 도입하기 쉬워 앞으로도 많이 이용될 것이라 예상된다[사진1~2].

한편, 도시에 늘어선 개개의 건물에서 벽면녹화를 도입하고 있는 사례는 아직까지 많지 않다. 건물주나 설계자에게 있어서 건물의 벽면은 가장 사람들에게 보여주고 싶은 부분 중 하나이며, 유지관리가 필요하고 생육상황에 차이 등이 있는 생물을 이용한 벽면녹화를 디자인에 도입하는 것은 그다지 적극적으로 이루어지지 않는 것이 현실이라고 할 수 있다. 그러나 벽면녹화를 건물 디자인에 적극적으로 도입하여 "가림"에서 "보임"이라는 우수한 사례도 출현하기 시작했으며, 계절별로 다양한 표정을 연출하여 지역의 랜드마크적 시설로서 사람들에게 친근하게 다가서는 건물도 있는 듯하다[사진3~4].

▲ 사진 2 환기탑의 벽면녹화(좌 : 시공 후 2년차, 우 : 현재)

▲ 사진 3 의장성이 있는 건물의 벽면녹화

▲ 사진 4 건물 전면의 벽면녹화

사람들과 조화를 이루는 도시경관을 목표로

녹음에는 건물이나 구조물을 주변경관과 조화를 이루도록 하는 기능이 있다. 2005년 6월에는 경관 · 녹음 삼법(景觀 綠三法)이 시행되어 아름다운 경관과 녹음이 풍부한 도시에 대한 법적 조건도 정비되었다. 도시에 녹음의 도입은 필연적인 흐름이며, 앞으로 벽면녹화에 의한 수경효과는 크게 기대된다. 앞에서 언급한 바 있는 르 코르뷔지에의 근대건축의 5원칙에 '수직으로 연속된 녹음'을 더해 사람들과 조화를 이루는 녹음이 우거진 도시경관을 만들고자 하고 있다.

Q&A 08. 아이치(愛知) 세계박람회 '바이오렁' 에서 벽면녹화의 효과는 검증되었는가?

A 바이오렁을 사용한 조사에 의해 벽면녹화의 다양한 효과가 실증되었다.

인간과 자연의 관계를 재구축하는 도시장치, 바이오렁

'바이오렁' 이란 2005년 3월25일~9월25일 개최된 2005년 일본국제박람회 · 아이치 세계박람회(아이(愛) 지구박람회) 내 나가쿠테(長久手)회장 중심에 설치된 자립형 거대녹화벽면이다. 생물생명을 표현한 '바이오(bio)' 와 폐를 표현한 '렁(lung)' 을 합쳐 만든 말로 '호흡하는 도시구조막' 을 의미한다.

자립벽면(폭 약 150m, 최고 높이 15m)은 3장의 녹화 스크린으로 구성되어, 스크린 사이에는 녹화벽면 공간을 즐길 수 있는 회랑으로서 '바이오렁 회랑' 이, 회랑 중앙에는 바이오렁 전체의 심벌로서 높이 25m의 '바이오렁 타워' 가 설치되었다. "자연과 서로 호흡하는 예지(叡智)" 에 착안한 사람과 자연의 관계의 "다양성 · 다층성" 을 재구축하는 도시장치로서의 디자인을 표현하고 있다.

도시환경 개선효과의 계측	
① 기상데이터 계측	풍향, 풍속, 기온, 습도, 일사량, 강우량, 기압
② 열환경 개선효과에 관한 계측 • 열변화 • 서열환경 • 열화상	 녹화부분 표면온도, 기반 표면온도 WBGT값 열적외선 카메라
③ 미기상 변화에 관한 계측	풍향 · 풍속 측정
④ 소음감쇠효과에 관한 계측	소음레벨 측정
⑤ 생물유인효과에 관한 계측	생물상조사
⑥ 녹화식물의 생육조사	정점촬영에 의한 녹피율 NDVI값에 의한 활력도 생물 건물중 측정
도시환경 개선효과의 PR과 효과의 파악	
① 효과의 PR 실시	조사상황의 일반공개
② 청취조사	일반 내방객 대상
③ 설문조사	녹화 관계자 대상

▲ 바이오렁의 환경개선효과에 관한 조사항목

바이오렁에 대한 효과 검증

▲ 그림 1 아이치 세계박람회 바이오렁의 위치

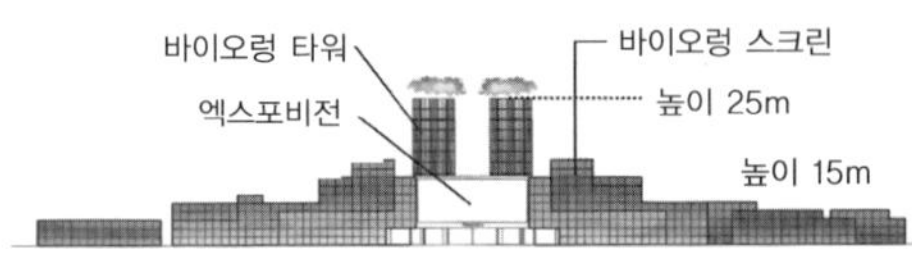

▲ 그림 2 정면에서 바라본 바이오렁

기초 데이터 파악을 위한 조사

바이오렁에서는 새로운 녹화기술의 제안 이외에 향후 벽면녹화의 기술개발과 연결되는 기초 데이터 파악을 목적으로 하여 국토교통성 국토기술정책종합연구소가 도시의 환경개선효과 등에 관한 조사[표]를 실시하였다.

조사결과

① 녹화벽면 및 비녹화 벽면의 표면기온 비교

바이오렁 정면 및 바이오렁 회랑 내의 녹화벽면에서 측정한 표면기온(벽면표면에서 10cm 떨어진 위치에서 측정한 기온임)과 비녹화벽면(백색 콘크리트판)의 표면기온을 비교해 보면 다음과 같다(측정 일시는 2005년 7월 28일 정오 · 외부기온 33.4℃).

바이오렁 정면의 녹화벽면은 비녹화벽면에 비해 표면기온이 최고 4.5℃(평균 3.1℃)

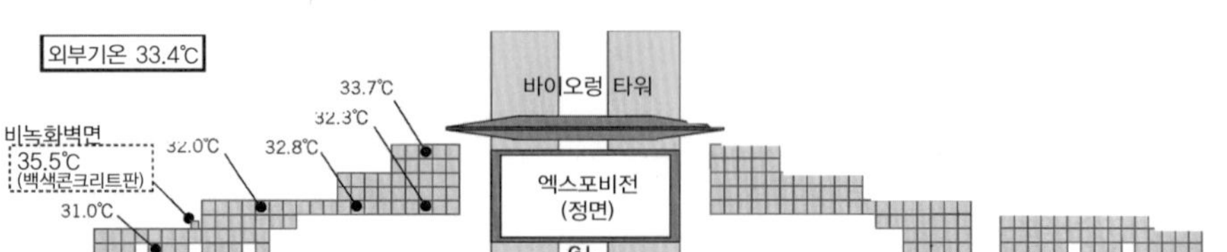

아이 지구광장에서 바이오렁 정면의 녹화벽면을 바라본 그림(바이오렁 정면)

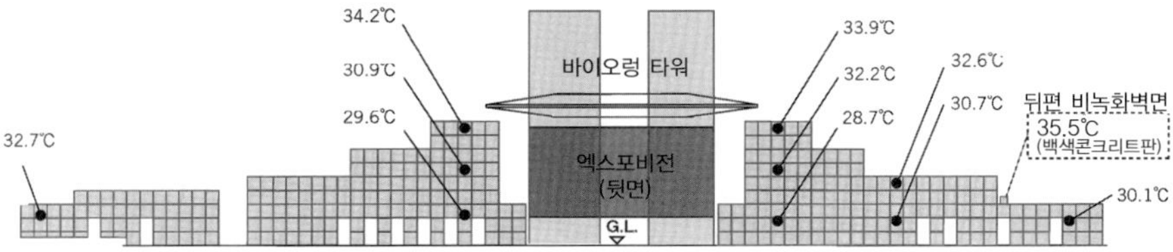

바이오렁 회랑 내에서 엑스포비전 뒷면의 녹화벽면을 바라본 그림(바이오렁 회랑 내)

▲ 그림 3 바이오렁 벽면의 주요 관측점의 표면기온

낮았으며**[그림3의 위]**, 바이오렁 회랑 내에서는 최고 6.8℃(평균 3.9℃) 낮다는 것을 알 수 있었다**[그림3의 아래]**.

② 벽면녹화의 적외선 열화상 촬영(부속 화보 참고)

한 여름인 7월 28일 정오에 있어서 바이오렁 정면의 아이 지구광장(인조잔디) 표면온도는 약 52~57℃, 바이오렁 후방에 위치한 글로벌 하우스의 지붕(금속판)은 약 42~45℃, 녹화벽면의 표면온도는 약 25~35℃로 녹화벽면의 표면온도는 아이 지구광장(인조잔디)의 표면온도에 비해서 약 17 ~32℃ 낮다는 것을 알 수 있다.

〈자료〉 国土交通省 国土技術政策総合研究所

2장

벽면녹화의 계획

계획 시에는 어떠한 점에 유의해야 하는가?

벽면과 구체를 손상시킨다거나, 악영향을 준다거나 하지 않는가?

화재연소에 문제는 없는가?

신축 벽면에 비해서 기존 벽면의 녹화에 있어서는 어떠한 점에 유의하면 좋은가?

벽면녹화는 옥상녹화의 의무부여제도 대상녹지로서 인정되는가?

벽면녹화의 우대조치는 있는가?

벽면녹화를 추진하기 위해서는 어떻게 하면 좋은가?

Q&A 09. 계획 시에는 어떠한 점에 유의해야 하는가?

A 벽면녹화의 목적, 구조물의 종류, 설치장소의 시공조건 등을 고려하여 벽면녹화방법이나 사용할 식물을 정한다.

벽면녹화의 목적(환경개선 · 수경 · 의장성 향상)에 대한 유의점

벽면녹화를 실시하는 주목적으로는 열섬현상의 완화나 대기정화 등으로 대표되는 환경개선, 구조물 벽면의 녹화에 의한 수경, 건물이나 독립벽 등의 의장성 향상이 있다. 환경개선 및 수경을 주목적으로 하는 경우, 녹피율이 높고 녹음의 양이 충분하여 지속적이며, 건전하게 생육 · 번성하는 식물을 선정하는 것이 중요하다. 또한 환경개선의 경우에는 식물의 생리기능(예를 들면 잎에서의 증산량의 많고 적음)에, 수경의 경우에는 꽃이나 열매의 아름다움에 중점을 둔 식물 선정도 필요하다.

[사진1]은 지하주차장의 환기탑(흡기배기탑) 구체표면을 녹화하여 경관을 조성한 사례이다. 또한 의장성 향상을 주목적으로 하는 경우, 벽면을 아름답게 장식하여 연출하기 위해 덩굴식물뿐만 아니라 다양한 종류의 다양한 식물을 이용함과 동시에 디자인성이 높은 보조자재나 식재기반도 이용하게 된다. **[사진2]**는 서리이끼를 식재한 판을 벽면에 붙인 사례와 아이비 및 능소화를 보조자재에 등반시킨 사례이다.

구조물의 종류(신축 · 기존건물 · 토목구조물)에 대한 유의점

벽면녹화를 계획할 경우, 적용할 구조물의 종류에 따라서 유의점은 달라진다. 신축건

▲ 사진 1 수경을 목적으로 한 벽면녹화

▲ 사진 2 의장성 향상을 목적으로 한 벽면녹화

물에 있어서 벽면은 건물의 얼굴이며, 디자이너의 솜씨를 보여주는 부분이기 때문에(벽면의 마감법이 다양하기 때문에 선택 기법 역시 많다) 건물 본체의 벽면을 녹화하는 경우는 적다고 할 수 있을 것이다. 이와 같은 경우에는 벽면녹화 대신에 문 · 담 · 울타리 등의 외부 구체를 각종 방법으로 녹화하게 된다. 기존건물에서는 이와 같은 제약은 없지만, 후시공이라는 점에서 특히 벽면녹화에 의한 적재하중 등 벽면에 대한 부하에 유의할 필요가 있다.

[사진3]은 후시공으로 무거운 기반조성형 식재기반을 건물에 부착시켜 녹화한 사례이다. 이와 같은 경우에는 구체 부착 보강공사비가 상당히 많이 소요될 것이다. 또한 신축 · 기존 어떠한 경우든 창의 처리와 채광에 관해서 유의할 필요가 있을 것이다. 대부분의 토목구조물 벽면은 꾸며져 있지 않으며, 치장면(콘크리트표면)이 대상이 된다. 토목구조물의 벽면녹화에서는 대면적 시공, 저관리가 용이한 시스템이어야 하는 점이 필수항목이다. 따라서 등반형이든 하수형이든 녹화방법(→ Q.16)에서 보조자재는 사용하더라도 와이어 메시나 철망 · 야자섬유매트 병용 자재를 사용하는 정도라고 할 수 있을 것이다.

설치장소의 시공조건에 대한 유의점

설치장소의 유의점으로는 토량, 빗물이용 등을 들 수 있다. 벽면녹화의 지속성은 거의 토양과 사용하는 식물로 결정되며, 특히 토양의 양은 중요하다. 일반적으로는 노지에 심는 것이 가장 좋지만, 인공지반의 조건이나 건축한계 등의 이유로 인해 노지에 심는 것이 불가능한 경우에는 가능한 한 많은 토양을 사용한다. 이를 통해 빗물도 효과적으로 이용할 수 있으며, 상수돗물을 이용한 관수량을 대폭 줄일 수 있다. 또한 교량의 교각 밑과 같이 직접 비가 닿지 않는 장소에서는 **[사진4]**에 나타낸 바와 같이 빗물을 이용할 수 있는 장치를 설치하는 것도 한 가지 방법이라고 할 수 있다.

▲ 사진 3 건물에 부착된 식재기반

▲ 사진 4 배수된 빗물을 관수에 이용한 사례

Q&A 10. 벽면과 구체를 손상시킨다거나, 악영향을 준다거나 하지 않는가?

A 벽면이 손상된다거나 하는 악영향은 없지만, 벽면 자체의 관리는 필요하다.

벽면을 손상시킬 가능성이 있는 식물

벽면녹화를 제안 · 계획할 때 '벽면녹화로 인해 건물의 벽면은 손상되지 않는가?' 라는 질문을 자주 받는다. 건물을 손상시키는 주요인으로는 벽면에 부착된 덩굴식물의 벽면 내부로의 침입을 들 수 있다. 다양한 덩굴식물 가운데 덩굴손, 감는 덩굴, 감는 잎자루, 포복형 덩굴식물은 이러한 문제를 일으키지 않는다. 벽면을 더럽힌다는 관점에서는 흡반형의 부착근을 가진 담쟁이덩굴의 흡반 흔적도 문제이지만, 중요한 것은 휘커스 퓨밀라, 아이비류, 능소화 등으로 대표되는 기근형(대기 중으로 뿌리를 내는 것)의 부착근을 가진 덩굴식물을 벽면에 등반시키는 경우, 기근이 콘크리트 구체 내부로 침입하여 손상을 줄 수 있다.

벽면녹화에 의해서는 벽면, 구체가 손상되지 않는다

벽면녹화에 의해 벽면이나 구체가 손상되지 않는다는 것을 검증하기 위해 벽면녹화를 설치하여 거의 20년이 경과한 벽면녹화 구조물을 여러 차례 검사하였다**[사진1]**. 그 결과, 콘크리트 벽면에 발생한 균열에 잉글리시 아이비나 휘커스 퓨밀라의 기근이 침입해 있었다. 잉글리시 아이비의 경우 폭 0.7mm 정도 이상, 휘커스 퓨밀라의 경우 폭 0.2~0.3mm 정도 이상의 균열에 기근의 침입이 관찰되었다 **[사진2~3]**. 그러나 침입한 기근의 크기는 벽면을 도려낸 부분에서의 측정결과에 따르면, 거의 벽면에 부착되어 있는 기근의 크기와 별 차이가 없었으며, 흡수근으로 되거나 과도하게 비대화되는 경향은 보이지 않았다 **[사진4]**. 또한 시설관리자에 따르면 휘커스 퓨밀라로 20년 이상 외벽이 덮인 건물에 기근이 벽면의 균열에 침입해 있었지만 건물 내부로의 누수 등과 같은 피해는 전혀 발생하지 않았다고 한다.

건물벽면에 발생한 균열의 관리가 중요

벽면에 발생한 균열은 건물 등 구조물의 내구성이나 방수성이라는 관점에서 문제가 되는 경우가 있다. 일반적으로 보수를 필요로 하는 균열의 폭은 내구성의 경우

0.4~1.0mm 이상, 방수성의 경우 0.2mm 이상이 되는 경우라고 한다(참고문헌 참조). 따라서 앞서 언급한 조사에서 기근이 침입한 경우의 균열은 균열폭으로 판단하건데 본래 보수대상이었던 부위라고 보는 견해도 가능하다.

휘커스 퓨밀라나 아이비류 등의 덩굴식물 기근은 균열폭 0.2~0.3mm 정도 이상의 균열에 침입할 가능성이 있다. 그러나 침입 후에는 비대화되는 경향은 없으며, 균열폭을 확대할 정도로 생장하는 경우도 없기 때문에 벽면에 대한 영향은 없다고 할 수 있을 것이다.

▲ 사진 1 조사대상 벽면(식물 : 잉글리시 아이비)

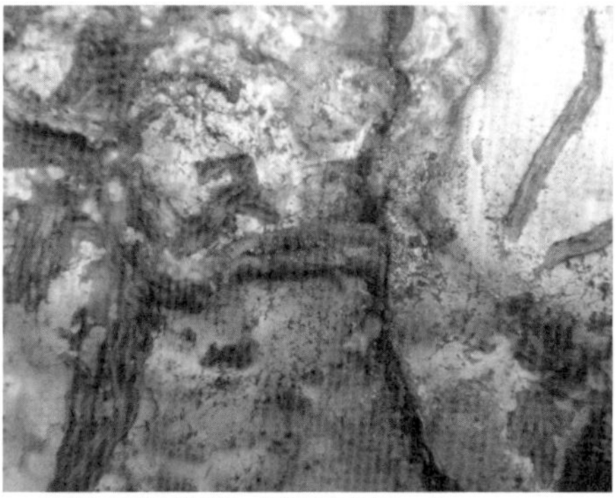
▲ 사진 2 균열에 침입한 기근(균열폭 약 1mm)

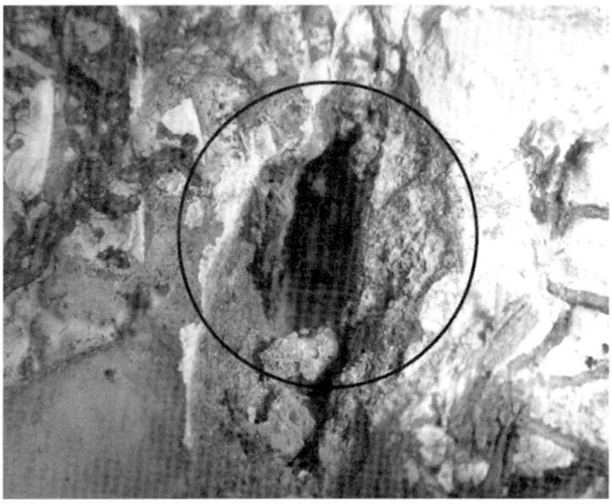
▲ 사진 3 도려낸 장소의 상황(구체 내부의 기근)

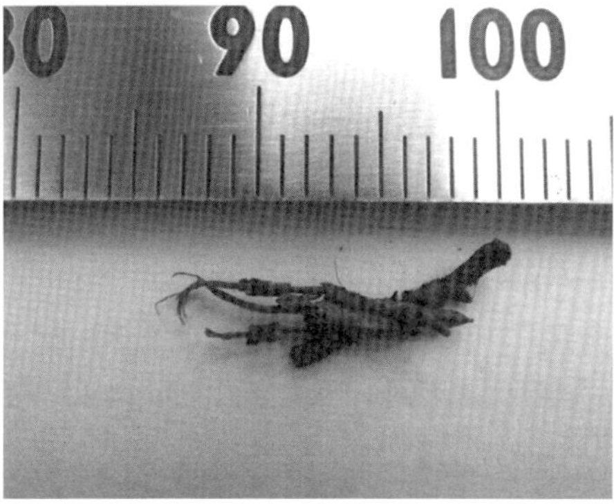

▲ 사진 4 벽면에서 뽑아낸 기근(약 ϕ 1.5mm, 길이 14mm)

〈참고문헌〉 日本建築学会『鉄筋コンクリート造のひび割れ対策(設計·施工)指針·解説』(1990) 日本コンクリート工学協会『コンクリートのひび割れ調査、補修·補強指針』(2003)

Q&A 11. 화재연소에 문제는 없는가?

A 식물은 불연재는 아니기 때문에 방화지역(防火地域) · 준방화지역(準防火地域)에서 대규모 벽면녹화를 계획할 경우에는 자치단체와 사전에 협의하는 것이 바람직하다. 그러나 푸른 잎은 연소되기 상당히 어려운 소재이므로 연소를 조장할 우려는 거의 없으며, 오히려 연소 방지역할을 한다고 생각된다.

방화지역과 벽면녹화

방화지역 내에서는 지하층을 포함한 3층 이상이나 또는 연면적이 10m²를 넘는 건물은 내화건축물로서 그 이외의 소규모 건물에서도 내화건축물 혹은 준내화건축물로 시공하지 않으면 안 되게 정해져 있다. 방화지역 내에서의 건물은 철근콘크리트, 철골철근콘크리트, 철골 등으로 하는 것이 일반적이다.

이와 같이 방화지역, 준방화지역에서의 건축방식은 건축구체 자체를 불연화하는 것이 원칙이다. 벽면녹화와 같은 것은 건축의 외장이기 때문에 구체 자체가 불연성이면 외장재의 불연성까지 강하게 요구되는 경우는 거의 없다. 그러나 자치단체에 따라서 소방 관청으로부터의 지도를 받을 가능성이 있으며, 특히 대규모 벽면녹화를 계획할 경우에는 사전에 협의를 하는 것이 바람직하다.

덩굴식물을 이용한 종래 공법이 아닌 식재기반 자체를 벽면에 설치하는 유형의 녹화를 실시할 경우에는 사정이 보다 복잡해진다. 식재기반 내에는 다양한 소재가 사용되고 있으며, 그 중에는 쉽게 인화하는 소재가 섞여 있을 가능성도 있기 때문에 충분한 주의가 필요하다.

연소되기 쉬운 식물과 연소되기 어려운 식물

예전부터 '방화수'라는 말이 있듯이 어떤 종류의 식물은 상당히 연소되기 어려워 화재가 발생할 경우에도 잎이나 줄기에 포함된 수분의 증발잠열에 의해 복사열을 소거하기 때문에 화재 연소방지에 효과가 있다고 한다. 실제로 관동대지진이 발생했을 당시에는 아사쿠사 절에 피난했던 수만 명의 목숨을 절의 은행나무 등이 지켜주었다고 한다.

건전한 상태의 식물 잎은 전중량의 50~90%가 물이 차지하고 있다. 방화성이 높은 식물 대부분은 두꺼운 잎을 갖고 있어 전체 수분량이 높다. 벽면녹화에 자주 사용되고 있는 아이비류도 잎이 두꺼워 연소되기 어려운 식물이다. 실제로 133종의 식물을 대상으로 방화력을 평가한 실험결과에서는 방화력이 강한 상위 9종 가운데, 담쟁이덩굴, 잉글리시 아이비 2종류의 덩굴식물이 포함되어 있다.

덩굴식물류 잎의 함수율 실측결과는 [표1]과 같다. 방화수로서 가장 유명한 은행나무와 비교해보더라도 손색이 없는 함수율이 있다는 것을 알 수 있다.

낙엽기와 침엽수의 이용상 주의점

수분을 포함한 식물의 잎은 연소되기 어려운 성질을 가지고 있지만, 마른 잎은 주의할 필요가 있다. 낙엽이 진 잎은 누구나 알고 있듯이 상당히 잘 연소된다. 이와 같은 것이 빌딩벽면 주위에 퇴적되어 있는 상태는 위험하다. 담뱃불과 같은 인화물질 등에 의해 쉽게 발화되어 버리기 때문에 낙엽기에는 신경써서 청소를 해야 한다. 담쟁이덩굴과 같은 낙엽수는 동절기에는 벽면에 줄기나 가지만이 남아있는 상태가 되지만, 이러한 부분에도 일정량의 수분이 포함되어 있기 때문에 동절기이므로 화재연소 위험성이 높아질 것이라는 걱정은 필요없다.

삼나무나 편백나무와 같은 침엽수는 잎에 연소되기 쉬운 정유 성분이 많이 포함되어 있기 때문에 수분이 많더라도 쉽게 연소되어 버리는 성질을 가지고 있다. 이러한 식물은 화재연소를 일으킬 위험성이 있다 [표2]. 벽면녹화용으로 사용되는 덩굴식물 가운데 침엽수 식물은 존재하지 않지만, 최근 사용되고 있는 기반조성형 벽면녹화 (→ Q.26)는 포복형 침엽수류가 식재되는 경우도 있다. 특히 화재연소 방지에 유의하지 않으면 안 되는 장소에서는 이러한 식물은 사용하지 않는 편이 무난할 것이다.

식물명	잎의 함수율(%)
으름덩굴	61.5
모람	70.9
캐롤라이나 자스민	66.7
송악	74.2
남오미자	80.4
마삭줄	61.8
담쟁이덩굴	75.7
능소화	66.4
미국담쟁이덩굴	74.6
등나무	64.8
잉글리시 아이비	66.7
멀꿀	68.5
은행나무	74.9

▲표1 잎의함수율

식물명	무염(無炎) 발화시간(분)
식나무	13.6
은행나무	9.0
삼나무	5.4
화백나무	4.8
편백나무	4.1
곰솔	3.4
카이즈카 향나무	2.9

*20kW/㎡의 복사열에서 실험 시간이 길수록 내화성이 높다

▲표2 잎의발화 소요시간

〈참고문헌〉 岩崎哲也「都市樹木の防火力の評価とその活用に関する研究(学位申請論文)」(2003) / 中村貞一「樹林防火力の研究:第1報」『造園雜誌』12-1(1948)

Q&A 12. 신축 벽면에 비해서 기존 벽면의 녹화에 있어서는 어떠한 점에 유의하면 좋은가?

A 대상이 되는 벽면의 하중, 외벽마감, 보수계획 등 다양한 조건에 유의할 필요가 있다.

기존 벽면을 녹화할 경우의 유의점

기존 벽면을 녹화할 경우 우선 벽면에 미칠 하중 조건에 유의하지 않으면 안 된다. 벽면녹화방법에 따라서 하중 부담은 크게 변한다 (→ Q.16). 덩굴식물을 노지에 심으며, 보조자재가 없는 경우에는 벽면에 미치는 하중은 적은 편이며, 기반조성형으로 벽면에 직접 설치하는 경우에는 상당한 중량을 벽면이 부담하지 않으면 안 된다. 따라서 처음에는 대충 벽면에 미칠 하중 조건을 확인할 수 있으면 되지만, 비용적으로 여유가 있다면, 보강공사를 하여 부담할 수 있는 하중 수준을 증가시킬 수도 있다. 다만, 벽면에 미치는 하중 조건을 검토하기 위해서는 전문적인 지식이 필요하기 때문에 반드시 구조설계자 등의 전문가에게 확인을 받아 두어야 한다.

다음으로, 외벽마감의 확인, 창 등의 배치를 포함한 디자인의 확인 등 설계적인 조건에 유의해야 한다. 또한 유지관리에 관한 확인도 중요하다. 대상 건물이 맨션 등인 경우에는 반드시 보수계획이 정해져 있어, 정기적인 외벽 등의 보수가 실시되기 때문에 적용할 수 있는 벽면녹화방법이 한정되어 있는 경우가 있다.

대상이 되는 벽면의 현황조사도 실시한다. 벽면의 노후화 정도에 유의하여 건전성 조사를 실시하며, 과대한 균열 등의 손상이 있는 경우에는 보수가 필요하다. 주변도 포함한 환경조건에도 유의하여 식물의 생육조건이나 주변의 상황 등도 확인해야 한다. 사람들의 왕래가 많은 벽면이 대상인 경우에는 안전 면에서의 배려가 필요하다.

이들 조건을 고려하여 대상 벽면에 바람직한 벽면녹화방법과 사용할 식물을 선택한다. 이때 벽면녹화 실시 후의 유지관리에 대해서도 유의하여 계획해야 한다. 적용할 벽면녹화방법이 결정되면 한 번 더 상세한 하중 조건을 확인해 두어야 한다. 이상의 계획 순서를 **[그림]**으로 나타내었다.

대상 구조물에 따른 차이

대상 벽면이 고속도로나 교량의 교각, 옹벽 등의 토목구조물인 경우에는 개인주택의 외부구조 주변의 녹화와 마찬가지로 기존 벽면의 녹화를 실시하는데 있어서의 제약은 비교적 적을 것이다. 한편 건물의 경우에는 앞에서 언급했던 순서에 따라서 계획할 필요가 있다. **[사진1]**은 개인주택의 기존 블록담장 벽면을 녹화한 사례, **[사진2]**는 건물 보강공사를 실시하여 기존 건물 벽면의 녹화를 실시한 사례이다.

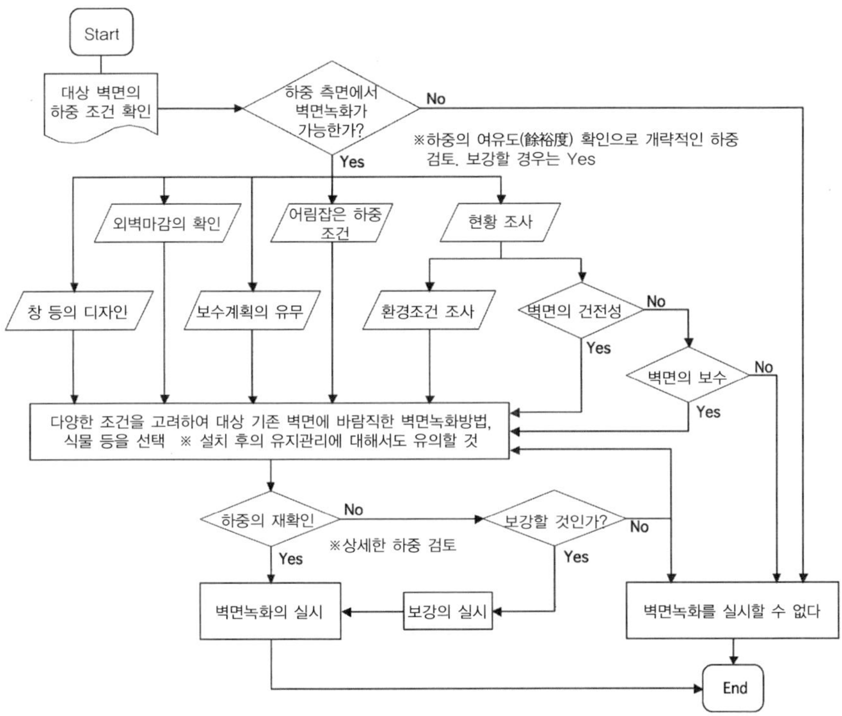

▲그림 기존 벽면을 녹화할 경우의 계획순서

▲사진 1 개인주택의 기존 블록담장 벽면녹화

▲사진 2 기존 건물의 벽면녹화

Q&A 13. 벽면녹화는 옥상녹화의 의무부여제도 대상녹지로서 인정되는가?

A 옥상녹화의 의무화 제도를 실시하고 있는 지자체 대부분은 인정하고 있지만, 녹화면적 계산방법은 지자체에 따라서 다르다.

보조자재 면적 전부를 산정 가능–도쿄도(東京都)

도쿄도 '도쿄에 있어서 자연보호와 회복에 관한 조례' 에서는 보조자재의 면적 전부를 산정할 수 있다. 다만, 하수형의 경우에는 1개소당 10m까지로 한정되어 있다. 보조자재가 없는 경우에는 1m까지 산정 가능하지만 식재 당시에 1m가 넘는 식물을 식재할 때에는 그 길이로 할 수 있다.

[등반형] 보조자재 있음 : 벽면에 설치된 보조자재로 뒤덮인 면적을 녹화면적으로서 산출 가능.

[등반형] 보조자재 없음 : 벽면 옆의 녹지대로부터 높이 1m(식재 당시에 1m 미만인 경우)로 면적 산출 가능. 다만, 식재 당시에 덩굴식물의 길이가 1m를 넘는 경우에는 그 길이로 한다.

[하수형] 보조자재 있음 : 벽면에 설치된 보조자재로 뒤덮인 면적을 녹화면적으로 하여 하수 길이는 10m 내외(1개소당)까지 면적 산출 가능.

[하수형] 보조자재 없음 : 벽면 옆의 녹지대 또는 식재틀(용량 100L 이상)로부터 높이 1m(식재 당시 1m 미만인 경우)로 면적 산출 가능. 다만, 식재 당시에 덩굴식물의 길이가 1m를 넘는 경우에는 그 길이로 한다.

보조자재의 면적 또는 식물에 의한 녹피면적이 산정 가능–효고현(兵庫県)

효고현 '환경 보전과 창출에 관한 조례' 에서는 보조자재의 면적 또는 식물에 의한 녹피면적을 녹화면적으로 산정할 수 있다.

보조자재 있음 : 벽면에 설치된 보조자재로 뒤덮인 면적을 녹화면적으로 산출.

보조자재 없음 : 식재 당시에 덩굴식물로 뒤덮인 면적(길이 폭)을 녹화면적으로 산출. 한편 덩굴식물의 길이가 1m 미만인 경우에는 길이를 1m로 산출 가능. 건축물 위에 설치된 식재기반은 녹지면적으로 산출할 수 있지만, 지상부에 식재한 경우에는 식재기반을 녹지면적으로 산출할 수 없다.

일정 면적, 높이가 산정 가능–사이타마현(埼玉県)

사이타마현 '고향 사이타마의 녹음을 지키고 육성하는 조례' 에서는 보조자재 면적의 90%, 보조자재가 없는 경우에는 높이를 1m로 산출한 면적에 0.9를 곱한 값이 녹지면적으로서 산정 가능하다. 다만, 건축물의 외벽상 녹화에 한정된다.

보조자재 없음 : 녹화면적 = 해당 외벽의 직립부 수평 투영길이 × 1m × 0.9 **[그림1]**

보조자재 있음 : 녹화면적 = 보조자재로 덮인 면적 × 0.9 **[그림2]**

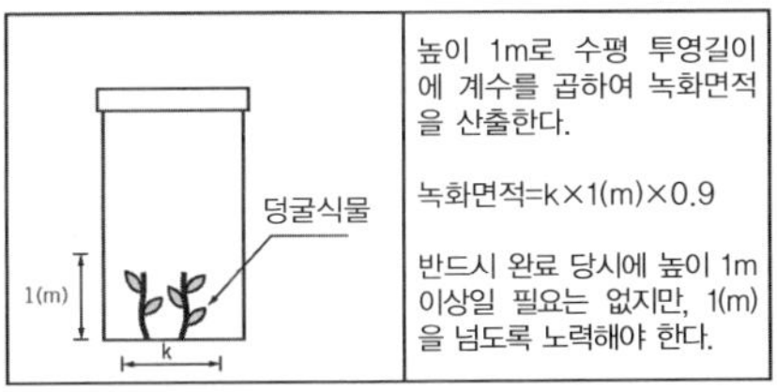

▲ 그림 1 보조자재 없음

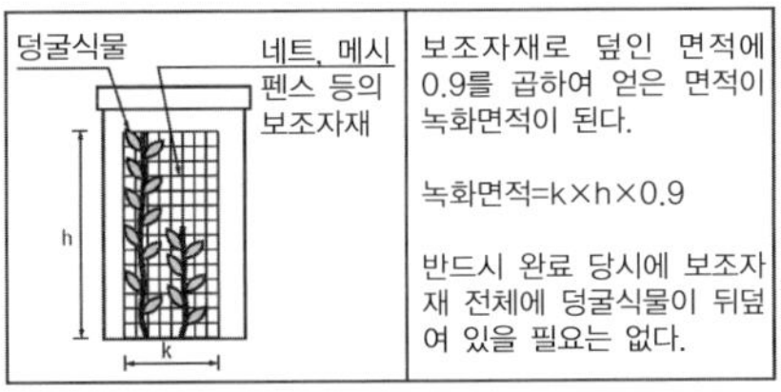

▲ 그림 2 보조자재 있음

모두 1m 높이까지 산정 가능–오사카부(大阪府)

오사카부 '오사카부 자연환경보전조례' 에서는 지상에서 등반시킨 벽면녹화, 옥상 등 벽면 상부에서 하수시킨 벽면녹화, 벽면에 식재기반을 설치한 녹화 모두 1m의 높이를 녹화면적으로 산정할 수 있다 **[그림3]**.

방법이나 보조자재 등에 상관없다 : 녹화면적=수평 투영길이의 합계×1m

보조자재나 식재기반을 사용하는 등 실제로 1m 이상 녹화한 경우나 반대로 높이가 1m에 미치지 못하는 경우에도 산정 높이는 1m로 한다. 또한 녹화한 부분이 상하로 겹치는 경우에는 중복하여 산정할 수 없다. 하나의 벽면녹화로 산정한다.

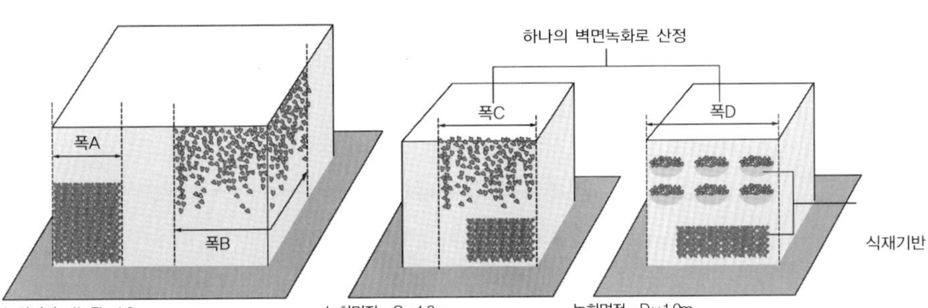

▲ 그림 3 오사카부 · 녹화면적 산정 사례

〈도판출전〉 埼玉県みどり自然課「緑化計画届出制度の手引」/大阪府環境農林水産部みどり·都市環境室「緑化計画の策定マニュアル」

Q&A 14. 벽면녹화의 우대조치는 있는가?

A 사업비에 대한 보조제도가 일반적이지만, 그 외에도 부동산세의 감면조치나 묘목 배포제도, 융자제도 등이 있다.

보조에서 녹화지도까지–우대조치의 종류

우대조치의 종류로는 지자체로부터의 보조제도, 부동산세 감면조치, 묘목의 배포제도, 융자제도, 컨설턴트에 의한 녹화지도 등 다양한 것이 있다. 이들에 대해서는 권말의 '보급추진제도'에 정리했으므로 참조하기 바란다. 여기에 게재하지 않은 경우에도 활용 가능한 제도가 있으므로 각 지자체의 담당 부서에 문의하면 된다.

다양한 보조제도

대부분의 지자체에서 실시하고 있는 것이 보조제도이다. 보조대상이 되기 위해서는 대부분의 경우 다음과 같은 요건이 필요하다.

대상이 되는 지구 · 지역

'녹화중점지구 내'나 '상업지역 내'와 같이 대상이 되는 지구 · 지역에 관한 요건을 갖고 있는 지자체가 있다. 녹화중점지구란 녹화의 기본계획이라는 지자체가 정한 계획에서 중점적으로 녹화를 추진하는 지구를 의미한다. 녹화중점지구 내에서는 부동산세의 감면조치를 받을 수 있는 녹화시설정비계획 인정제도의 활용이 가능하다.

대상이 되는 건축 등

대상이 되는 건축 등은 건축물이나 구조물, 블록담장 등을 대상으로 하는 지자체가 거의 대부분이다. 건축물의 종류에 따라서 특별한 규정을 정하지 않거나 단독주택이나 사업시설을 대상으로 하는 경우가 늘고 있다. (재)도쿄도 공원협회에서는 사회복지시설이나 병원을 중심으로 한 보조를 실시하고 있다. 또한 '환경을 고려한 학교시설(에코스쿨) 정비 추진에 관한 시범사업'(문부과학성)과 같이 학교를 대상으로 한 보조사업도 있다.

대상이 되는 녹화시설

대상이 되는 녹화시설은 '식물', '식물의 등반, 하수를 위한 보조자재', '식물의 식재'에 대한 것 등이 있다. 이 가운데 식물에 관해서는 '덩굴식물 등'에 의한 것이라는 규정이 정해져 있는 곳이 많다. 식재기반조성형 등 새로운 유형의 벽면녹화에 활용 가능한지 여부는 각 지자체의 운용판단에 따라야 한다고 생각된다.

기타 조건

'도로에 접해 있을 것', '주차장에 접해 있을 것'이라는 조건을 갖추고 있는 지자체도 많이 있다. 이것은 시민의 눈에 닿는 녹음의 양을 증가시킴으로써 녹음이 풍부한 거리조성에 기여하고 있다는 것을 의도한 것이라고 생각된다.

보조금액

보조금액은 사업비의 1/2~2/3의 범위이다. 기준단가(5,000엔/m^2) 등과 녹화면적을 곱하거나 또는 실제 공사비 중 적은 쪽으로 하며, 일정 한도액을 규정하는 경우가 늘고 있다.

부동산세의 감면조치

녹화시설정비계획 인정제도는 건축물의 옥상, 공지 등 대지 내를 녹화하는 계획(녹화시설정비계획)을 지자체가 인정함으로써 사업자가 녹화에 관해서 세제 측면에서 우대를 받을 수 있는 제도이다.

녹화중점지구 혹은 녹화지역 내에 있어서 대상이 되는 조건인 대지면적(1,000㎡ 혹은 300㎡), 녹화율(20%) 등의 조건을 충족함으로써 인정받을 수 있다. 자세한 내용은 국토교통성 웹사이트(http://www.milit.go.jp/crd/city/park/gyomu/ryokuchi/shisetsuseibi/)를 열람하기 바란다.

한편, 녹화지역이란 녹음이 부족한 시가지 등에서 일정 규모 이상의 건축물을 신축 또는 증축할 경우에 대지면적의 일정 비율 이상의 녹화를 의무화하는 제도이다.

또한 녹화시설정비계획 인정제도를 수용한 시설에 보조를 실시하는 경우도 있다.

기타 제도

기타 제도로서 상록 덩굴식물의 묘목을 배포한다거나, 공사에 필요한 자금에 대해서 금융기관에 융자를 알선하여 이자 및 신용보증료의 일부를 보조하는 제도가 있다. 또한, 컨설턴트에 의한 녹화지도를 실시하고 있는 지자체가 있다.

Q&A 15. 벽면녹화를 추진하기 위해서는 어떻게 하면 좋은가?

A 녹지면적으로서의 인가와 공공구조물 · 시설에서의 벽면녹화 의무화가 바람직하다.

벽면녹화의 녹지로서의 취급

벽면녹화는 일사를 차단함과 동시에 벽면의 복사열을 경감시켜 벽면의 온도 상승을 억제하는 등의 효과 외에 경관 조성효과 등이 있다. 또한, 생울타리 등의 설치가 불가능한 식재폭이 좁은 장소에서도 녹화가 가능하여 펜스녹화나 입체주차장의 벽면녹화 등 다양한 장소에서 사용되어 녹음이 있는 경관을 창출하고 있다 [사진1~2].

정부나 지자체에서는 옥상녹화의 의무화와 함께 보조금을 내는 등 벽면녹화의 보급에도 노력하고 있다. 일부에서는 보조자재를 시공한 부분을 벽면녹화로서 녹지면적으로 계산하는 지자체도 있지만 대부분의 지자체에서는 벽면녹화의 식재폭에 1m(또는 0.6m)의 높이를 곱한 면적을 녹지로서 인정하는 등 녹지로서의 취급이 충분히 이루어지고 있지 않은 상황이다.

또한, 빈집 절도 등의 흉악한 범죄가 빈번히 발생하고 있는 현재, 생울타리로 하고 싶어도 안전 · 안심을 위해 펜스나 블록담장으로 하는 예도 많아지고 있다. 따라서 그와 같은 펜스나 블록담장에 대한 녹화가 추진된다면 좋을 것으로 생각한다.

▲사진 1 펜스녹화

▲사진 2 가드 펜스녹화

녹지면적, 접속도로부 녹화로서의 인가

덩굴식물 중에는 연간 2~3m까지 생장하는 것도 있으므로, 10m 이상 녹화할 수도 있다. '녹화면적' 으로서는 앞서 언급한 기준 높이 1m가 아닌 최소 3m까지를 녹지면적으로 인정해도 좋을 것이라고 생각한다. 다만, 지속적인 녹화에서는 식물과 함께 토양이 중요하며, 일반 식재지와 달리 지피식물에 대한 계수(예를 들면 20%를 녹지로서 인정한다) 등의 조치는 필요할 것이다.

또한 보도나 도로부분에 접한 접속도로부의 녹화율(접속도로 길이에 대한 녹화길이)이 용도 등에 따라 정해져 있다. 그러나 상업시설 등의 경우, 출입구의 확보 등 이용 측면이나 안전 측면 등에서 접속도로 녹화가 거의 이루어지지 않고 있다는 것을 흔히 볼 수 있다. 경관조성이나 보행자의 어메니티, 유지관리 등도 고려한 경우, 정원수나 교목 식재뿐만 아니라, 보행공간의 벽면녹화도 접속도로 녹화로 인정된다면 벽면녹화가 보다 활성화될 것이다.

공공구조물 · 시설의 벽면녹화 의무화

도시열섬현상의 완화에 대한 기존 녹지나 가로수 보전, 옥상녹화에 의한 새로운 녹지의 창출뿐만 아니라 도로의 콘크리트 옹벽이나 방음벽, 하천의 콘크리트 호안 등의 공공구조물 이외에 학교나 운동시설 등의 공공시설에서는 벽면녹화를 적극 도입할 필요가 있다고 생각된다 **[표, 사진3~4]**.

공공구조물의 벽면녹화
① 도로의 방음벽, 철도의 방음벽
② 하천의 콘크리트 호안
③ 도로 · 조성지의 콘크리트 옹벽
④ 가드 펜스, 기타

▲ 공공구조물의 벽면녹화

▲ 사진 3 도로 옹벽의 벽면녹화

▲ 사진 4 학교의 벽면녹화

3장

벽면녹화의 설계

벽면녹화방법에는 어떠한 종류와 특징이 있는가?
등반형(登攀型) 벽면녹화방법은?
하수형(下垂型) 벽면녹화방법은?
기반조성형 벽면녹화방법은?
에스페리아 녹화방법은?
구조물의 종류에 따라서 벽면녹화방법은 바뀌는 것인가?
개인주택이나 발코니 등 소규모 장소를 위한 벽면녹화방법은?
벽면녹화에 최적인 식재기반은?
컨케이너 기반에서 벽면을 녹화하는 경우의 유의점은?
식재기반에 이용되고 있는 토양은 어떠한 것이 있는가?
벽면녹화용 식물에는 어떠한 것이 있는가?
벽면 마감재, 보조자재 등과 식물의 적합성은 있는가?
기후 차이 등 지역에 따라서 사용하는 식물은 다른가?
보조자재를 이용하는 목적은. 풍하중을 어떻게 생각하는가?
보조자재에는 어떠한 종류가 있는가?
와이어 메시 보조자재를 사용하는 경우의 유의점은?
철망 · 야자섬유매트 병용 보조자재를 사용하는 경우의 유의점은?
살수기 · 관수설비는 필요한가. 이때, 빗물을 이용하는 방법은?
벽면녹화는 어느 정도 높이까지 가능한가?
벽면녹화는 어느 정도의 기간으로 가능한가. 조기에 녹화하고 싶은 경우에는?
벽면의 방위는 영향을 미치는가?
차폐를 위해 자립형 등의 벽면을 녹화할 경우의 유의점은?
벽면녹화 비용은 어느 정도 드는가. 저비용 · 저관리 벽면녹화방법은?

Q&A 16. 벽면녹화방법에는 어떠한 종류와 특징이 있는가?

A 대표적인 벽면녹화방법으로는 등반형, 하수형, 기반조성형 등 3종류가 있으며, 설치조건, 유지관리, 의장성, 비용 등을 감안하여 녹화방법을 선택하게 된다.

3가지 벽면녹화방법

대표적인 벽면녹화방법으로는 **[그림]**에 나타낸 바와 같이 ①등반형, ②하수형, ③기반조성형(벽면 앞 식재형이라고도 한다)과 같이 3종류가 있다. 등반형 및 하수형은 주로 덩굴식물이 이용된다. 벽면의 등반 및 하수는 덩굴식물의 부착근(흡반 또는 기근), 감는 줄기, 덩굴손, 감는 잎자루 등에 의해서 이루어진다. 또한 식재기반을 벽면에 붙인 형식의 기반조성형에서는 다양한 초본류나 목본류를 이용할 수 있다. 이외에 철망 등으로 유인하여 목본류를 벽면을 따라서 평면적으로 설치하는 에스페리아 방법도 이용될 수 있다.

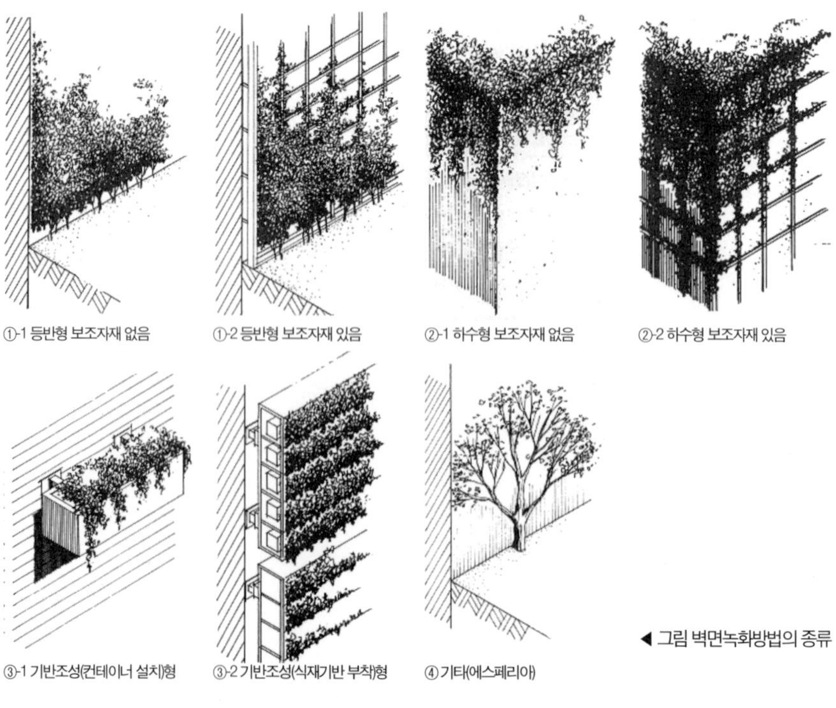

①-1 등반형 보조자재 없음
①-2 등반형 보조자재 있음
②-1 하수형 보조자재 없음
②-2 하수형 보조자재 있음
③-1 기반조성(컨테이너 설치)형
③-2 기반조성(식재기반 부착)형
④ 기타(에스페리아)

◀ 그림 벽면녹화방법의 종류

각 방법의 특징

벽면녹화방법의 특징을 [표]에 나타내었다. 이들 방법 가운데 설치조건(벽면 앞의 이용 가능한 공간의 유무, 넓이), 유지관리(전정 · 관수관리의 용이함), 의장성(식재기반 · 기반조성자재 · 식물 등을 조합시킨 시스템의 아름다움), 비용(설치비용과 유지관리비용), 구조물의 종류(건물, 토목구조물 등) 등을 감안하여 최적의 방법을 선정하게 된다. 한편, 등반형 및 하수형에서는 벽면녹화의 지속성이나 유지관리를 감안하여 노지식재로 하는 것이 중요하다.

벽면녹화방법	특징
①-1 등반형 보조자재 없음	• 설치비용 · 유지관리비용이 싸다. • 유지관리가 용이하다. • 피복에 시간이 걸린다. • 등반이나 피복속도가 벽면의 소재에 좌우된다. • 강풍이나 자중에 의해 박리되어 버리는 경우가 있다.
①-2 등반형 보조자재 있음	• 각종 보조자재를 벽면에 부착하여 등반시킨다. • 보조자재의 사용으로 비용이 증가한다. • 의장성을 연출할 수 있다. • 피복속도를 빠르게 할 수 있으며, 박리를 억제 · 방지할 수 있다.
②-1 하수형 보조자재 없음	• 설치비용 · 유지관리비용이 싸다. • 유지관리가 용이하다. • 피복에 시간이 걸린다.
②-2 하수형 보조자재 있음	• 각종 보조자재를 벽면에 부착하여 등반시킨다. • 보조자재의 사용으로 비용이 증가한다. • 피복속도를 빠르게 할 수 있다.
③-1 기반조성형(컨테이너 설치)	• 다양한 종류의 식물을 사용할 수 있다. • 녹화장소가 한정되어 있다. • 대면적에는 대응할 수 없다.
③-2 기반조성형(식재기반 부착)	• 설치비용 · 유지관리비용이 비싸다. • 유지관리가 용이하지 않으며, 관수량도 많이 필요하다. • 대면적에는 불가능하다. • 조기녹화가 가능하다(준공 때 녹화도 완성된다). • 다양한 종류의 식물을 사용할 수 있다. • 의장성이 높다.
④ 기타(에스페리아)	• 녹화가 완성되기까지 긴 시간이 필요하다. • 일본 내에서의 시공사례가 현저히 적다. • 설계자가 채용해 주지 않는다(모른다).

▲ 벽면녹화방법의 특징

〈참고문헌〉 (財)都市緑化技術開発機構 特殊緑化共同研究会『特殊空間緑化シリーズ2　新緑空間デザイン技術マニュアル』(誠文堂新光社、1996)

Q&A 17. 등반형(登攀型) 벽면녹화방법은?

A 덩굴식물을 벽면에 등반시켜 녹화하는 방법으로 시공 사례가 가장 많다. 등반형태는 '감기형', '부착형' 등이 있다.

가장 많이 실시되고 있는 벽면녹화방법

등반형 벽면녹화는 녹화하고 싶은 벽면 하부의 지면이나 인공지반, 플랜터 등에 덩굴식물을 심어 생장과 더불어 덩굴을 벽면에 직접 부착 혹은 보조자재에 부착시키거나 감아 올라가게 하여 녹화하는 방법이다. 다른 방법에 비해 저비용 · 저관리로 시공도 간단

보조자재	적용수종	특징
없음	담쟁이덩굴 등의 흡착력이 강한 부착형 덩굴식물	• 직접 벽면에 부착하여 등반 • 점토벽돌 등의 보습성이나 요철이 있는 벽면에서는 쉽게 등반 • 금속이나 평평한 콘크리트에서는 등반하기 어렵다. • 강풍이나 자중으로 인해 박리 낙하하는 경우가 있다.
철망, 와이어 등	캐롤라이나 자스민, 인동덩굴 등의 감아 올라가는 형태의 덩굴식물 등	• 철망 등에 감겨서 등반 • 창 등의 채광이 필요한 장소에도 사용 가능 • 시간이 지나면 상부가 촘촘하고 하부가 성긴 경관을 만들어 내는 경우가 많다.
철망 · 야자섬유매트 병용 보조자재	주로 아이비류(잉글리시 아이비), 능소화 등의 부착형 덩굴식물 및 감아 올라가는 형태의 덩굴식물 등	• 매트 부착 혹은 철망에 감겨서 등반하기 때문에 어떠한 수종이라도 등반 가능 • 설치 때부터 수경, 차폐, 낙서 방지, 반사경감효과가 있다.

▲ 등반형 벽면녹화방법의 종류

하기 때문에 시공 사례가 가장 많은 벽면녹화방법이라고 할 수 있다.

이 방법은 식물이 벽면을 피복할 때까지 시간이 걸리는 경우도 있지만, 식물에 적합한 등반보조자재를 이용함으로써 생장을 촉진한다거나, 1~2m정도 생장시킨 키가 큰 덩굴식물을 식재함으로써 개선할 수 있다.

등반형 벽면녹화방법의 종류

등반형 벽면녹화방법은 보조자재의 유무나 종류에 따라서 **[표]**와 같이 분류할 수 있다. 수종에 따라 적합한 보조자재가 다르므로 적합하지 않은 자재의 경우 등반하지 않는 경우가 있다.

	사 례	
	 등반형 벽면녹화 사례 (보조자재 없음)	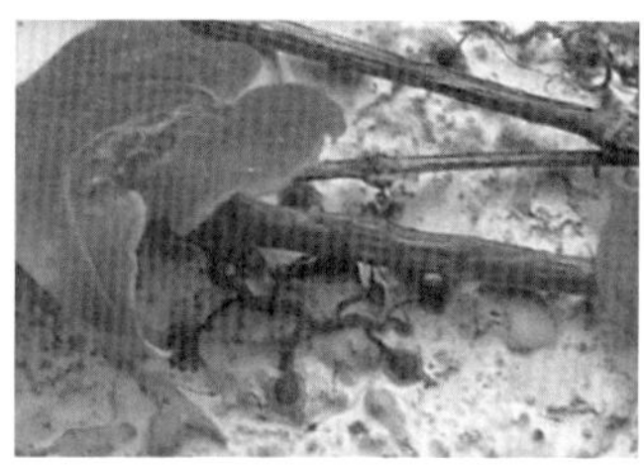 흡반으로 부착하여 벽면을 등반하는 담쟁이덩굴
	 등반형 벽면녹화 사례 (철망 보조자재 이용)	 철망에 감기면서 등반하는 인동덩굴
	 등반형 벽면녹화 사례 (철망 · 야자섬유매트 병용 보조자재)	 매트에 부착근을 흡착시켜서 등반하는 아이비류

Q&A 18. 하수형(下垂型) 벽면녹화방법은?

A 벽면의 상부 또는 중간에 식재기반을 설치하여 식물을 위에서 아래로 향하게 늘어뜨려 벽면을 녹화하는 방법.
비교적 설치비용이 싸며, 유지관리가 쉽다.

비교적 설치비용이 싸다

하수형 벽면녹화방법은 식재기반으로부터 식물을 늘어뜨려 피복하는 식재방법이다. 덩굴식물은 물론 섬향나무 등의 목본식물을 이용하는 경우도 있다. 소규모인 것은 베란다나 공중 통로 등에서 자주 볼 수 있다. 이 방법은 비교적 설치비용이 싸며, 유지관리가 쉽다. 또한, 15년 정도 경과한 것 중에 14m 정도 자란 사례(알제리아 아이비)도 볼 수 있다 **[사진1]**.

하수형 벽면녹화방법의 종류

일반적으로 보조자재를 사용하는 경우와 사용하지 않는 경우가 있다 **[사진1~2]**. 또한 식재기반의 종류와 장소에 따라 몇 가지 방법으로 나뉜다. 식재기반의 장소는 벽면 상부, 중간, 병용의 3종류가 있다. 식재기반 장소에서는 설치에 플랜터를 사용하는 경우와 노지에 식재하는 방법이 있으며, 토양도 다양한 종류가 사용된다. 보조자재로는 철망이나 와이어, 네트 등을 사용하며, 재질은 스테인리스나 알루미늄 피복 강선을 사용하는 것이 일반적이지만, 최근에는 다양한 종류가 나오고 있으므로 재질, 색, 형태, 구조, 내구성, 설치방법 등을 충분히 검토할 필요가 있다. 또한 예외적으로 개인주택이나 담장 등의 벽 높이가 낮은 구조물에 등반형 벽면녹화를 설치한 경우, 제일 위에서 완전히 젖혀 늘어뜨리거나 담장을 타고 넘어 아래로 늘어뜨리는 경우도 있다 **[사진3]**.

내하중에 주의

자주 사용되는 아이비류 등 기근형 부착근을 가진 덩굴식물일지라도 하수형 벽면녹화에 사용한 경우, 휘커스 퓨밀라 등을 제외하고 대부분의 수종이 기근을 내리지 않으므로 벽면에 부착하는 경우는 없다 **[사진4]**. 따라서 하중의 대부분이 뿌리에 걸리므로 식재기반의 설치장소 등에 미칠 내하중을 검토할 필요가 있다. 또한 식물이 바람에 의해 벽면에 스쳐 부러지는 등 식물이 손상되어 생육에 방해가 되거나 강풍이나 자중으로 인해 낙하하는 경우가 있으므로 필요에 따라서 보조자재의 설치를 검토할 필요가 있다 **[사진5]**. 또한 피복속도를 빠르게 하기 위해 등반형 벽면녹화방법과 병용하는 경우도 있다 [사진6].

▲ 사진 1 보조자재가 없는 경우

▲ 사진 2 보조자재(철망 · 야자섬유매트)가 있는 경우

▲ 사진 3 담장을 타고 넘어 반대편으로 하수한 사례 (휘커스 퓨밀라)

▲ 사진 4 벽면에 부착되어 있지 않은 사례(알제리아 아이비)

▲ 사진 5 보조자재 사용(스테인리스 철망)

▲ 사진 6 등반형과의 병용(벽면 중간의 기반에서, 휘커스 퓨밀라)

Q&A 19. 기반조성형 벽면녹화방법은?

A 식재기반을 패널, 매트, 플랜터, 시트 등으로 보호 유지하며, 관수를 포함한 식재 시스템을 일체화한 덩굴식물 이외에도 이용 가능한 방법. 최근 주목을 받고 있다.

주목을 받게 된 이유

기반조성형 벽면녹화방법이란 식재기반을 패널, 매트, 플랜터, 시트 등으로 보호 유지하며, 관수를 포함한 식재 시스템을 일체화한 방법이다.

개인주택에서 플랜터에 식물을 심어 지면이 포장된 외벽이나 펜스를 장식하는 것은 지극히 일반적인 방법이다. 실제 이것이 기반조성형 벽면녹화방법의 토대가 되었다. 다만 이 경우에는 사는 사람이 관수를 포함한 유지관리를 즐기면서 하는 것이 일반적이므로 녹화시스템이라고는 할 수 없다.

옥상이나 인공지반에 대한 녹화가 발달, 보급되어 기술적으로도 범용화됨에 따라 인접한 대형 공간을 차지하는 수직벽면에 경관과 환경에 대한 효과가 요구되기 시작하였다. 특히 지면에 직접 덩굴식물을 심을 수 없는 건물, 건물 외부 구조체, 도로옹벽, 고가교각, 가설울타리 등에도 조기 녹화가 가능한 기술 개발이 요구되고 있다. 따라서 기반조성형 벽면녹화공법이 개발되어, 현재까지 다양한 제품이 시판되기 시작한 것이다.

2003년 국토교통성 · 칸토우기술사무소에서는 국도 15호 히가시로쿠고(東六郷) 고가다리 옹벽, 국도 246호 타마가와(玉川) 고가 교각에서 실증 실험을 실시하였는데, 사용된 공법 대부분이 기반조성형 방법이다. 이후 하마나코(浜名湖) 꽃박람회(2004)에 이어 아이치(愛知) 세계박람회(2005)의 '바이오랑' 에서 다양한 방법이 시험 전시되었다. 법적으로도 2004년에 경관 · 녹음 삼법(景觀 · 録 三法)이 제정되어 입체공간에 대한 녹화방법이 요구됨으로써 앞으로 더욱 개발 · 보급이 기대된다.

장점과 단점, 향후 과제

기반조성형에는 다양한 장점과 단점이 있으므로 앞으로의 과제에 대해서 생각해 보도록 하자[표].

기반조성형 벽면녹화방법의 종류

아이치 세계박람회 '바이오랑' 의 기반조성형 종류를 **[사진1~4]**에 나타내었다.

장점	• 지면에 직접 식재할 수 없는 장소에서도 녹화가 가능 • 덩굴식물 이외에도 식재가 가능하며, 시공완료 시에 완성형이나 완성형에 가깝게 만들 수 있다. • 일체화된 경우가 많으며, 자동관수에 의해 시스템화되어 있다. • 새로운 입체녹화 공간 창출을 위한 핵심기술이다.
단점=향후 과제	• 설치비용, 유지관리비용이 덩굴식물 녹화에 비해 비싸다. • 박층기반(薄層基盤)이므로 기반의 노후화와 식물의 유지 · 지속성에 문제점이 남아있다 • 출하까지 생산 양생기간이 필요하다. • 제품 교환을 포함하여 세세한 유지관리가 필요한 경우가 많다.

▲ 기반조성형의 특징

▲ 사진 1 패널형
경량토양이나 섬유계 기반재 등을 패널 안에 충진하여 녹화기반으로 만든 것

▲ 사진 2 포켓형
벽면에 포켓 모양의 식재기반을 가지고 있는 것

▲ 사진 3 매트형
식재기반이 일정 두께가 되도록 매트 모양으로 가공한 것

▲ 사진 4 시트형
식재기반을 시트 모양으로 가공한 것

〈참고문헌〉 (財)都市緑化技術開発機構『バイオラング技術概要書』(技術パンフレット)

Q&A 20. 에스페리아 녹화방법은?

A 사과나 배 · 무화과나무 등의 과수를 벽에 착 붙인 형태로 잘 기어 올라가도록 조성한 벽면녹화방법 중 하나. '에스페리아'라고도 한다.

유럽에서 발달, 수경적으로 이용

에스페리아의 어원은 이탈리아어 Spalliera(의자의 등), 프랑스어 Pau, Aspau(기둥 · 지주)에서 유래되었다고 알려져 있다.

건축벽면이나 담장 등의 수직면에 평면적으로 식물을 유인하여 도드라져 나오지 않도록 착 붙인 녹화방법이다. 조경수, 덩굴식물 혹은 과수의 가지 · 덩굴이 이용되며, 유인은 트렐리스 · 펜스 등을 녹화할 면에 설치하여 이들에 가지 · 덩굴을 감기게 하거나 금속으로 직접 결속하는 등의 방법을 취한다. 양생법도 자연수형을 살린 것부터 인공적인 형태로 양생한 것 등 다양하다.

역사적으로는 예전 유럽에서 구조물의 방풍이나 축열효과를 기대하여 과수 등의 난지성 식물을 재배하는 방법으로 벽면을 이용함으로써 발달하였다. 이것이 수경적인 방법 중 하나로서 전개될 수 있도록 기술 개발이 진행된 결과, 과수나 꽃나무뿐만 아니라, 일반 수목에서 교정이 가능(줄기 또는 가지, 잎이 꺾이지 않도록 의도하는 방향으로 보조자재로 유인 · 결속하는 전체 공정을 의미)한 것을 수경적으로 이용하는 방법으로 발전한 것이다.

일본에서는 고온 다습한 기후와 목조건축이 주류를 이루는 관계로 역사적으로는 거의 볼 수 없었던 방법이지만 식재방법 중 하나로서 앞으로 크게 활용 · 보급되기를 바라는 방법이다.

에스페리아에 적합한 식물과 식재 조건

에스페리아에는 맹아력(萌芽力)이 우수하고, 가지가 왕성하게 뻗어나가 비교적 아래 가지가 올라가기 어려우며, 또한 강전정 · 강전지에 견디며, 관상 가치가 있는 수종이 바람직하다.

과실을 맺는 종류로는 배 · 사과 · 꽃사과 · 무화과나무 · 금귤 등의 감귤류, 올리브 · 앵두 · 포도 · 멍덕딸기 · 복분자 등의 나무딸기류, 보리수나무류 등. 꽃나무류로는 별목련 · 야마보우시(*Benthamidia japonica*) · 태산목 · 등나무 · 동백나무류 · 피라칸타 ·

박태기나무 · 무궁화 · 공덜꿩나무 · 산당화 · 꽝꽝나무 등이 있다.

식재 조건은 식물에 따라 다른데 기본적으로는 노지에 심는 것이 바람직하지만, 이동 등의 자유도가 높은 방법으로서 장래 완성된 상태를 고려하여 조금 큰 또는 긴 플랜터 박스를 이용하는 방법도 있다. 부착방법으로는 벽면에 직접 고정 핀을 설치하거나 강선 혹은 금속 메쉬 등의 보조자재를 사용하여 간접 고정하는 것이 일반적이다.

▲ 사진 1 돌을 쌓아 만든 옹벽에 공작을 묘사한 에스페리아 (미국 로스엔젤레스「Rock wood garden」)

▲ 사진 2 메쉬 펜스로 유인 중인 꽃사과의 에스페리아

▲ 사진 3 꽃사과(좌) · 배(우)의 에스페리아 어린 묘목을 심었을 당시(1998년)〈요코하마현립 아와지 경관원예학교〉 사진제공 : 西山裕

▲ 사진 4 7년 경과 후의 상황 (2005년 봄)〈요코하마현립 아와지 경관원예학교〉

〈참고문헌〉 東京農業大学農学部造園学科·造園用語辞典編集委員会『造園用語辞典』(彰国社、1985) / 日本緑化工学会『環境緑化の事典』(朝倉書店、2005)

Q&A 21. 구조물의 종류에 따라서 벽면녹화방법은 바뀌는 것인가?

A 목적, 설치조건, 적용기간(지속성), 비용 등에 따라서 바뀐다.

대상 구조물

벽면녹화를 하는 대상 구조물은 크게 나누면 건물, 토목구조물, 전시회나 박람회용 등의 행사용 독립벽으로 분류할 수 있다. 건물의 경우에는 건물 외벽뿐만 아니라, 외부 구조체, 옥탑, 실내 등의 벽면도 대상이 된다. 토목구조물의 경우에는 도로 · 고속도로 · 교량의 교각 · 방음벽 · 옹벽, 하천 호안 등이 녹화 대상이 된다.

각종 구조물에 적합한 벽면녹화

건물에 벽면녹화를 적용하는 주목적은 옥상녹화와 마찬가지로 수경을 포함한 대도시의 환경개선에 있다. 또한 건물벽면은 건물의 얼굴이며, 설계자가 가장 보여주고 싶어 하는 부분 중 하나이기도 하다. 그렇기 때문에 벽면녹화에는 지속성과 의장성이 불가결하다 **[사진1~2]**.

벽면녹화의 지속성은 식재기반의 구비조건에 따라 결정되는데, 특히 토량이 대단히 중요하다. 일반적으로 덩굴식물의 생장이나 지속성은 토량에 의존하며, 양호한 생육상태를 유지하기 위해서는 노지에 심는 것이 최적이라고 할 수 있다. 노지에 심는 것이 불가능한 경우, 식재 플랜터를 설치하는 방법이 있는데, 토량이 400~500L/m 정도 확보되어 있으면 30년 정도의 지속성을 확보할 수 있을 것이다. 또한 의장성 면에서 보면 아름다운 보조자재, 식재기반(식재 플랜터), 식물의 조합도 중요하다 **[사진3]**.

이러한 요건들을 감안할 때 등반형 보조자재나 하수형 보조자재가 있는 기반조성형 벽면녹화가 적합하다고 할 수 있을 것이다. 또한 개인주택의 경우에는 목적 · 용도에 따라서 모든 방법이 적용대상이 된다.

토목구조물의 벽면녹화 목적도 건물과 마찬가지이다. 또한 토목구조물의 벽면녹화는 공공성이 높기 때문에 유지관리비용이 싸고 지속성을 기대할 수 있으며, 또한 대면적 녹화에 견딜 수 있는 시스템이어야 한다. 따라서 적합한 녹화방법은 등반형, 하수형이라고 생각된다 **[사진4]**. 건축 한계 등의 관점에서 식재기반을 구조물 주변부에 설치할 수 없는 경우에는 기반조성형의 적용도 생각할 수 있으나 대면적을 저비용 · 저관리로 오랫동안

녹화하기 위해서는 기반조성형은 바람직하지 않다고 할 수 있다 **[사진5]**. 전시회나 박람회 등의 행사용 독립벽의 녹화 목적은 벽면녹화의 보급 · 홍보나 회의장의 수경 등이다. 이것의 특징은 특히 아름다움(의장성)이 요구되는 점, 설치기간이 한정된 점, 비교적 작은 면적에 적용되는 점 등이다. 따라서 행사용 독립벽에 적합한 녹화는 기반조성형이라고 할 수 있을 것이다 **[사진6]**.

한편, 에스페리아 방법은 생장까지 시간이 걸리기 때문에 설계자가 꺼리는 경향이 있어 일본 내에서의 적용 사례는 적은 듯하지만, 아름다움과 지속성을 겸비하고 있기 때문에 향후 건물의 벽면녹화에 적용되는 사례는 증가할 것이라고 생각한다.

▲ 사진 1 건물 벽면녹화의 파이오니아(하수형, 보조자재 있음)

▲ 사진 2 건물 벽면을 전면 녹화한 것(등반 · 하수형 병용, 보조자재 있음)

▲ 사진 3 스테인리스제로 의장성이 있는 보조자재

▲ 사진 4 도로 옹벽 벽면녹화(등반형, 보조자재 없음)

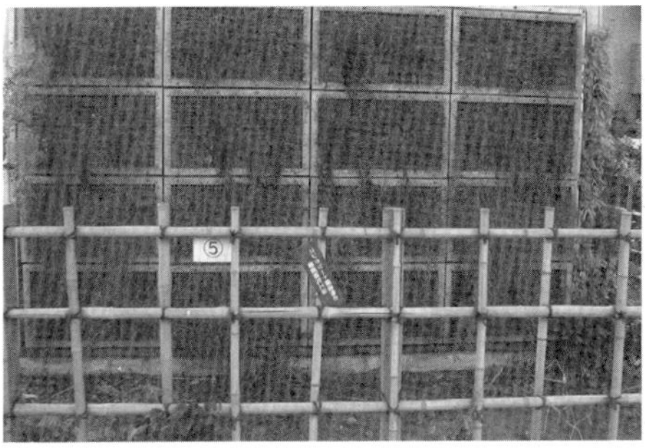

▲ 사진5 오래된 교각의 녹화(기반조성형)

▲ 사진 6 전시회의 우수한 사례(기반조성형)

Q&A 22. 개인주택이나 발코니 등 소규모 장소를 위한 벽면녹화방법은?

A 컨테이너 등을 사용한 꽃이나 열매가 맺히는 덩굴식물에 의한 녹화나 키 작은 수목에 의한 에스페리아 등의 방법이 있다.

개인주택의 벽면녹화

목조주택 등의 개인주택 벽면녹화에서는 송악이나 담쟁이덩굴 등 벽면에 부착하는 덩굴식물에 의한 건축 벽면녹화는 바람직하지 않다. 유인하여 녹화하는 캐롤라이나 자스민이나 학 자스민, 능소화, 장미, 등나무 등의 녹화가 적당하다. 일반적으로는 펜스나 콘크리트 블록면, 옹벽 등의 장소, 트렐리스 등에서 꽃이나 과실이 맺히는 덩굴식물로 녹화하는 것이 적당하다. 꽃사과나 무화과나무 등의 과수에 의한 에스페리아도 적당하다. 또한 메다는 꽃바구니(hanging basket)에 의한 녹화는 블록담장이나 펜스 등에서 사용되고 있다.

녹화장소	벽면녹화방법	녹화식물
옹벽	하수녹화	잉글리시 아이비, 누운노가지나무, 빙카, 지면패랭이꽃, 사철채송화, 몬테비덴시스, 싸리 등
	등반녹화	담쟁이덩굴, 휘커스 퓨밀라, 송악
블록담장	등반녹화	담쟁이덩굴, 휘커스 퓨밀라, 송악
	보조자재+등반녹화	잉글리시 아이비, 알제리아 아이비, 마삭줄, 인동덩굴 등
	메다는 꽃바구니	초화류
펜스	등반녹화	알제리아 아이비, 마삭줄, 인동덩굴, 남오미자, 멀꿀, 으름덩굴, 으아리, 셈퍼비렌스 인동덩굴, 장미, 덩굴장미, 캐롤라이나 자스민, 시계꽃, 솔라눔 야스미노이데스 등
	메다는 꽃바구니	초화류
트렐리스	등반녹화	장미, 덩굴장미, 으아리, 셈퍼비렌스 인동덩굴, 캐롤라이나 자스민 등
	메다는 꽃바구니	초화류
건축외벽	보조자재+등반녹화	능소화, 미국능소화, 캐롤라이나 자스민, 학 자스민, 포도, 등나무, 나팔꽃, 조롱박, 여주, 수세미오이, 풍선덩굴, 솔라눔 야스미노이데스 등
	에스페리아	꽃사과, 사과, 무화과나무, 배, 포도, 장미, 등나무, 피라칸타 등

▲ 표 1 개인주택의 녹화방법과 녹화식물(예)

발코니에서의 벽면녹화

발코니에서는 하중이나 방수의 보호 관점에서 컨테이너에 의한 녹화로 한다. 이웃집에 대한 배려 차원에서 능소화와 같이 왕성한 식물은 적당하지 않다. 일반적으로는 나팔꽃이나 으아리 등의 꽃이 피는 식물을 심는다. 바람의 영향이 적은 장소에서는 열매가 열리는 것으로서 여주 등도 적합하다. 또한 펜스 안쪽에 메다는 꽃바구니에 의한 녹화 등도 적합하다. 다만 물을 줄 때 아래층으로 물이 떨어지는 것에 주의할 필요가 있다.

녹화장소	벽면녹화방법	녹화식물
건축외벽	등반녹화(컨테이너)	나팔꽃, 으아리, 여주, 풍선덩굴 등
펜스 · 벽	등반녹화(컨테이너)	캐롤라이나 자스민, 학 자스민, 덩굴장미, 셈퍼비렌스 인동덩굴, 시계꽃 등
	메다는 꽃바구니	초화류

▲ 표 2 발코니의 녹화방법과 녹화식물(예)

▲ 사진 1 장미에 의한 녹화

▲ 사진 2 주택 겸 오피스텔의 벽면녹화(독일)

▲ 사진 3 블록담장의 남오미자에 의한 녹화

▲ 사진 4 장미와 학 자스민에 의한 녹화

▲ 사진 5 나팔꽃에 의한 녹화

Q 23. 벽면녹화에 최적인 식재기반은?

& A 식물에 있어서 최적인 기반은 무한히 넓은 대지(자연지반) 즉 노지에 식재하는 것이지만 플랜터 등의 인공지반에서는 벽면 1㎡당 50L 이상의 토양이 필요하다.

대지(자연지반)를 이용한 식재

덩굴식물을 벽면에 등반 또는 하수시킬 경우, 대상 벽면을 조기에 피복함은 물론 지속성이 있는 녹화가 요구된다. 식물을 건전하고, 지속적(10년 이상)으로 생장시키기 위해서는 토양이 넓게 펼쳐진 대지(자연지반)에 식재하는 것(노지 식재)이 가장 좋은 방법이라고 할 수 있다. 등반형에서 자연지반을 이용할 수 있는 경우에는 반드시 이용하도록 한다. 관동(関東) 등의 화산회 토양에서는 보수성이 높기 때문에 빗물만으로 생육시킬 수도 있다. 다만 건물(벽면) 주변의 토양은 콘크리트의 알칼리 피해나 건설 잔재 등이 매립되어 있는 경우도 있으므로, 이와 같은 경우에는 양질의 객토(부식함량이 5% 이상 또는 5% 이상이 되도록 유기질토양개량재를 넣은 것)로 치환하는 것이 바람직한 경우도 있다 **[그림1]**.

특히 벽면 높이가 2m 이상일 경우에는 양질의 토양이 아니라면 충분한 등반이 불가능하다. 그러나 양질이라고 해서 밭토양 등을 이용하면 잡초 종자가 혼입되어 있으므로 나중에 잡초관리가 번잡하게 되는 경우가 있기 때문에 유의해야 한다. 또한 배수성에 대해서도 주의하여, 물이 고일 듯한 장소나 배수관 등에 이상이 발생하여 상시 물이 정체하는 장소에서는 별도의 대책을 강구할 필요가 있다. 또한 객토재로는 덩굴식물 전용 유기질토양도 있다.

자연지반의 객토량 또는 토양개량이 필요한 경우의 토양개량 범위는 벽면 높이에 따라 다르지만, 인공지반보다 조건이 좋기 때문에 다음 페이지의 인공지반 토량(土量)의 80~90% 정도라고 생각하면 될 것이다 **[표1~2]**.

인공지반에서의 식재

인공지반에서는 자연지반에 비해 양분, 수분, 뿌리신장 등에 커다란 제약을 받기 때문에 토양의 질 및 양에 대해 충분히 주의할 필요가 있다. 작은 플랜터에 심겨진 식물은 2~3년간 플랜터 내 측벽을 파자 뿌리가 자라므로 생육이 불량해지는 경우도 있다. **[사진1]**.

지속적인 벽면녹화를 위해서는 먼저 토량이 중요하며, 지금까지의 결과나 증산량과 토양 보수량의 관계에서 살펴보면, 녹화벽면 1㎡당 50L 이상이 필요하다고 생각된다 **[표 2]**. 식재틀은 자주 볼 수 있는 독립된 플랜터를 늘어놓은 것이 아니라, 토양이 연속된 연결 유형의 플랜터를 이용하거나 건설 당시에 현장타설 콘크리트로 구체와 일체적으로 성형하는 것을 권장한다. 이를 통해 식물이 한정된 공간에서 뿌리가 돌아 쇠퇴하는 것을 막으며, 관수나 생육에 의한 플랜터 내 토양수분의 불균형에 따른 생육불량을 줄여 관리를 용이하게 한다.

벽면 길이 1m당

벽면 높이 (m)	객토량 (L)	개량 폭 (m)	개량 깊이 (m)
2	90	0.30	0.30
4	160	0.40	0.40
6	240	0.60	0.40
10	400	1.00	0.40
20	800	1.60	0.50

▲ 표 1 자연지반의 객토량(토양의 치환량) 또는 토양개량 범위의 목표

벽면 길이 1m당

벽면 높이 (m)	객토량 (L)	토양의 폭 (m)	토양의 깊이 *(m)
2	100	0.30	0.33
4	200	0.50	0.40
6	300	0.60	0.50
8	400	0.80	0.50
10	500	1.00	0.50

*배수층을 제외한 유효토층 두께

▲ 표 2 인공지반의 토량 목표

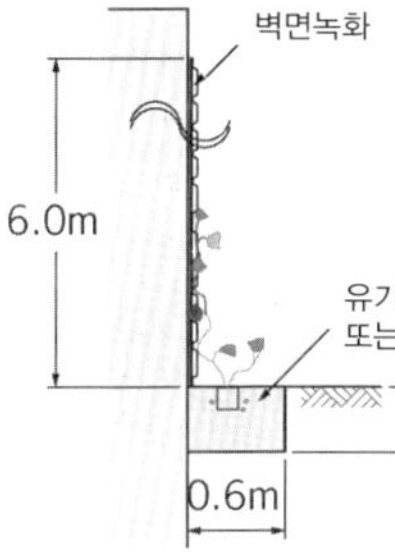

▲ 그림 1 자연지반을 이용한 토양개량 예(노지식재의 예)

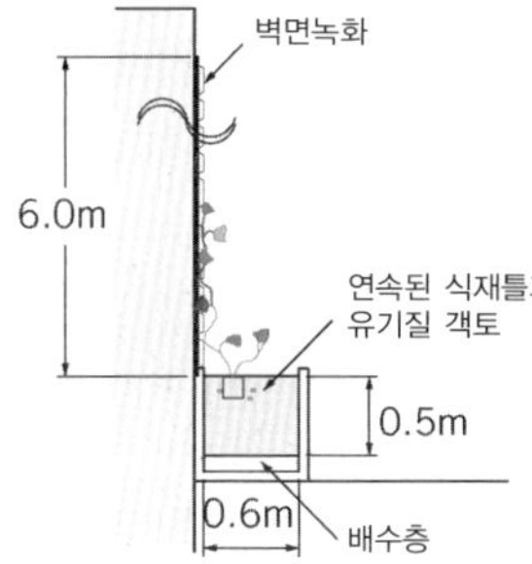

▲ 그림 2 인공지반의 식재틀 예

▲ 사진 1 왕성한 생육을 바라지 않는 협소한 독립 플랜터

▲ 사진 2 지속성을 발휘하기 위한 대형의 연결 플랜터

토양의 질은 옥상녹화와 같이 왕성한 생육을 바라지 않는 토양(무기질계 토양)이 아니라, 보비력, 보수성이 높은 유기질계 인공토양이 지속성과 조기 피복에는 적합하다. 이러한 목적에 따라 혼합된 유기질계 인공경량토양의 이용이 권장되고 있으며, 하중제한이 없다면 보수성이 높은 화산회 토양 관동loam, 아카다마토(赤玉土) 등에 유기질 토양 개량재를 혼합하여 부식함량 5% 이상으로 만든 개량토양도 이용할 수 있다. 또한 인공지반의 식재는 관수설비의 설치는 필수 조건이다.

Q&A 24. 컨테이너 기반에서 벽면을 녹화하는 경우의 유의점은?

A 녹화면적에 필요한 토량을 확보한다. 필요한 토량과 컨테이너의 하중을 지탱할 수 있는 기초의 검토가 필요하다.

컨테이너 기반형 벽면녹화 유형

벽면녹화공법에는 크게 나누어 주로 덩굴성 식물을 이용하여 하수 또는 등반시키는 방법과 수직으로 기반을 조성(카세트형으로 설치)하고 식물을 벽에 고밀도로 식재하는 기반조성형 방법이 있다. 식재기반조성형의 일종인 컨테이너 기반공법은 노지 식재가 용이한 도로나 교각 등의 토목구조물 벽면녹화와 달리, 주로 건물녹화에 이용되는 공법이다. 지반에 유용한 토양이 없는 경우에, 벽면 또는 옥상 난간부분에 컨테이너(FRP나 SUS, GRC 제품 등)를 설치하여 식물을 하수 또는 등반시킨다.

컨테이너 녹화 중에서도 조기녹화 유형과 장래녹화 유형으로 공법이 나뉜다.

컨테이너 기반형 녹화의 유의점

컨테이너 식재의 유의점은 옥상녹화(인공지반녹화)와 비슷하다. 협소한 토양(뿌리부분) 공간에서 지상부를 충실히 전개하기 위해서는 양질의 토양 정비와 관수설비가 필수이다.

기반정비의 조건은 ① 물이 고이지 않을 것, ② 통기성이 유지될 것(고결되지 않을 것), ③ 양분이 적당히 포함되어 있을 것 등이다.

관수설비는 식물이 발근, 활착할 때까지 표층에서 균일하게 관수할 수 있는 설비가 필요하다. 식재 직후에는 특히 뿌리가 펴져 있지 않기 때문에 관수에 의한 피해가 발생하기 쉽다. 관수량, 관수시간은 계절이나 환경에 따라 달라지기 때문에 전문가에게 상담하도록 한다.

컨테이너 기반과 유지관리

식물은 뿌리에서 흡수할 수 있는 수분과 증산량이 비례한다. 보수성에 의해서도 좌우되지만 토량(뿌리부분)과 식물의 지상부 전개량은 밀접하게 관련되어 있다. 토량의 목표는 벽면녹화면을 1㎡ 피복하는데 필요한 토량이 50L 정도이다. 녹화면적에 대해 토량이 50L/㎡ 미만인 경우, 식물은 쇠퇴하기 쉬워 토량에 합당한 피복면적 내의 생육으로 제한할 필요가 있으므로 전정 등 유지관리 빈도가 많아지게 된다.

컨테이너 기반과 하중

앞에서 언급한 바와 같이, 토량과 녹피면적은 비례하기 때문에 벽면녹화를 계획할 경우에는 면적에 필요한 토량 또는 토양 설치개수를 검토한다. 하중은 토양용적밀도, 컨테이너 중량, 토량에 의해 산출한다.

녹피계획면적(㎡) × 50(L) = 필요 토량
필요 토량 × 토양용적밀도 = 토양중량
토양중량 ÷ 컨테이너 설치개수 = 1개소당 토양중량
1개소당 토양중량+컨테이너중량 = 1개소당 설치중량

위의 식에서 산출된 수치와 풍압력을 토대로 전문가에 의한 구조계산을 실시하여 기초가 되는 철골이나 고정핀 강도를 설계 계산한다. 안전에 관한 부분이기 때문에 신중하게 진행해야 한다.

▲ 사진 1 조기녹화공법(포장에서 생육 · 양생 중)

▲ 사진 2 조기녹화공법(설치상황)

▲ 사진 3 컨테이너 하수공법

▲ 사진 4 컨테이너 입목공법

Q&A 25. 식재기반에 이용되고 있는 토양은 어떠한 것이 있는가?

A 인공경량토양이나 다공질 고형기반, 섬유 기반 등이 이용되고 있다. 수분의 과다, 과소와 뿌리신장의 한계나 토양의 척박화로 생육불량이 발생되기 쉽기 때문에 주의한다.

기반조성형 토양기반

기반조성형 기반으로는 인공경량토양, 다공질 고형기반, 섬유 기반이 많이 이용되고 있다. 인공경량토양은 펄라이트, 버미큘라이트, 제올라이트 등의 무기 다공질 재료, 피트모스, 바크퇴비 등의 유기 재료, 카누마토(鹿沼土), 아카다마(赤玉) 등의 경량토양을 조합시켜 사용하는 경우가 많다. 박층 기반이기 때문에 옥상녹화 이상으로 다양하게 혼합되고 있다. 쇠퇴화 방지를 위해 숯을 첨가하는 경우도 있다. 고형기반은 인공경량토양을 단단히 만든 것이나 세라믹 기반 등이 이용되고 있다. 섬유 기반에 있어서는 물이끼나 고형의 피트모스(화이트피트모스) 또는 우레탄계 보수제가 들어간 기반재료도 있다. 비료는 사용하는 식물에 따라 차이가 있어 장미와 같이 비료가 많이 필요한 것과 생육을 억제하기 위해 소량만을 사용하는 경우 등 목적에 따라 다르다.

피해 발생

기반조성형에서는 수분의 관리가 가장 중요하며, 기본적으로는 관수시스템이 필요하다. 무관수에 의한 실험사례도 있지만 대부분이 고사하였다 **[사진1]**.

관수시스템이 있더라도 어떤 이유로 기능하지 않게 되면 곧바로 고사의 원인이 된다 **[사진2]**. 빗물을 효과적으로 활용하기 위해 저장하여 이용한 실증실험도 있지만, 빗물만으로는 여름철의 수분 부족으로 말라죽기 쉬울 것이다 **[사진3]**. 또한 벽면은 수직이기 때문에 건조하기 쉽다고 생각하여 지나치게 수분을 많이 공급한다거나 상부에서의 수분이 아래쪽에 고여 고사나 생육불량으로 이어지는 경우도 빈번하게 발생하는 것이 이 방법의 특징으로 주의할 필요가 있다 **[사진4]**.

수분관리에 이상이 없이 활착한 경우에도 수개월 후나 1~2년 후에 돌연 고사나 생육불량이 발생하는 경우도 있다. 어떤 이유에서 토양기반과 뿌리의 생육에 이상이 발생하거나 식물과 기반과의 적합성에 문제가 있다거나 뿌리신장의 한계로 새로운 뿌리의 신장이 억제되는 등 다양한 이유를 생각할 수 있다 **[사진5~6]**. 아직 이 방법에 관해서는 해결하지 않으면 안 되는 과제도 많아 현 상황에서는 정기적인 유지관리, 보식, 제품의 교환 등이 필요한 시스템이 많은 듯하다.

▲ 사진 1 무관수시스템에 의한 고사 사례

▲ 사진 2 관수시스템 불량에 의한 고사 사례

▲ 사진 3 빗물저류이용 실험 사례

▲ 사진 4 관수 과다에 의한 생육불량 사례

▲ 사진 5 생육불량 사례

▲ 사진 6 생육불량 사례

Q&A 26. 벽면녹화용 식물에는 어떠한 것이 있는가?

A 덩굴식물이 주로 사용되지만 기반조성형에서는 크게 자라지 않는 식물을 용도와 목적에 따라 달리 사용할 수도 있다.

덩굴식물의 유의점

덩굴식물 녹화에서는 등반인지 하수인지, 또는 철망 등의 보조자재 이용 여부에 따라 식물 선정이 달라진다. 등반으로 보조자재가 없는 경우에는 부착근(기근 또는 흡반)을 갖고 있는 식물을 주로 선정하게 되므로 종류가 한정된다. 철망 등의 보조자재를 사용하면 부착형이나 감기형의 덩굴식물 대부분을 사용할 수 있게 된다. 이때, 부착형인 아이비를 철망에 기어오르게 하는 경우가 있는데, 유인이 필요하며, 방치하면 중간에 하수하는 경우가 있다. 또한 목적이나 용도에 따라 상록성, 꽃, 조기 피복이 요구되는 경우가 있다. 상록성으로 꽃이 피는 종류로는 비그노니아, 캐롤라이나 자스민, 인동덩굴, 으아리(품종명: 아만디) 등이 있으며, 시계꽃이나 덩굴장미도 따뜻한 장소에서는 겨울에도 상당히 많은 잎이 남아 있다. 생장이 빠른 종류로는 시계꽃, 능소화, 비그노니아, 인동덩굴 등을 들 수 있다.

하수에서는 높이가 있는 건물이나 옹벽의 경우 아이비류가 많이 이용되고 있으며, 특히 알제리아 아이비는 그 대표종이다. 15m 정도 벽을 하수하고 있는 사례도 볼 수 있다. 하수하는 아이비류에서는 기근이 나오지 않아 벽면에 부착하지 않는다. 식재기반에 식물이 너무 밀식되어 있으면 갑자기 하수가 빨라진다. 또한 높이가 낮은 흙막이벽 등의 구조물에서는 덩굴식물 이외의 포복형 식물도 사용되어 섬향나무류, 홍자단, 가자니아, 로즈마리, 개모밀덩굴, 화만초 등 많은 종류의 식물을 이용할 수 있다.

기반조성형 벽면녹화 식물

시스템 유형에 따라 또한 용도, 목적에 따라 매우 다양한 식물이 사용되고 있다. 시트형의 경우 이끼나 돌나물(sedom)류가 주로 사용된다. 플랜터형으로 철망과 세트인 경우나 플랜터 자체를 숨긴 경우에는 덩굴식물을 많이 이용하지만, 구조적으로 식재 가능한 식물은 어떠한 것이든 이용할 수 있다. 이러한 다양성이 이 유형의 특징이다. 중요한 점은 경관상의 목적과 관리하면서 어느 정도의 기간을 동일 식물로 유지할 수 있는지 등에 따라 선정이 바뀐다. 이것은 패널이나 매트형에 있어서도 공통의 과제이다. 가능한 한 장기간 식물을 유지하고자 하는 경우에는 그다지 크게 자라지 않는 종류로 섬향나무, 실화백, 줄사철나무, 마삭줄류 등이 많이 사용된다. 패널형의 경우, 암반이나 급경사면에 자생하고 있는 식물이 이용상의 힌트가 된다. 털머위나 양치식물류는 그 전형이다. 또한 기반인 토양이 고형(固形)인 경우에는 식물 선정에 주의할 필요가 있다.

덩굴식물의 질량

벽면을 녹화할 경우, 벽면에 가해지는 하중의 관점에서 식물이 어느 정도 무거워질 것인지가 문제되는 경우가 있다. 최근 식재 후 상당 기간(추정 약 30년)이 경과한 벽면녹화 식물의 질량을 측정하였다. 식재 식물은 잉글리시 아이비였으며, 단위면적당 질량은 약 6kg/㎡(3개 시료의 평균치)이었다. 식물의 질량은 조건에 따라 크게 변하지만, 생장을 토대로 한 질량 설정이 필요하다고 할 수 있다.

▲사진 질량측정용으로 절취한 시료

등반	부착형	아이비류, 휘커스 퓨밀라류, 줄사철나무, 마삭줄(감기형도), 능소화, 등수국, 팻츠헤데라, 담쟁이덩굴, 비그노니아(감기형도)
	감기형	캐롤라이나 자스민, 남오미자, 인동덩굴, 멀꿀, 샘퍼비렌스 인동덩굴, 마삭줄(부착형도), 으름덩굴, 노박덩굴, 폴리고눔, 다래, 쥐다래, 시계꽃, 비그노니아(부착형도), 으아리류
	기대기형	덩굴장미, 장미, 반들가시나무, 피라칸타
하수	부착형	아이비류, 휘커스 퓨밀라류, 줄사철나무, 마삭줄, 능소화, 팻츠헤데라, 담쟁이덩굴, 비그노니아
	감기형	캐롤라이나 자스민, 남오미자, 인동덩굴, 샘퍼비렌스 인동덩굴, 멀꿀, 시계꽃, 으름덩굴, 노박덩굴, 폴리고눔, 다래, 쥐다래
	포복형	오스테오스퍼멈, 패랭이꽃류, 빙카류, 가자니아, 로즈마리, 섬향나무류, 홍자단, 사철채송화, 아이스플랜트, 압테니아(썬로즈), 개모밀덩굴, 화만초

▲표 1 등반, 하수에 사용되는 식물

패널형	조릿대, 옹죽, 꽃치자, 남천류, 우묵사스레피나무, 양매자나무, 삼지닥나무, 자금우, 풀명자나무, 줄사철나무, 섬향나무류, 로즈마리, 아이비류, 마삭줄류, 휘커스 퓨밀라, 세덤류, 애란, 바위취, 에피프레넘, 맥문동, 털머위, 길상초, 사철채송화, 리시마키아, 개모밀덩굴, 트리안(wire plant) 등
포켓형	조릿대, 황매화, 설유화, 수국, 철쭉류, 산나리, 장미류, 팬지, 토레니아, 제라늄, 베고니아, 백묘국 등
매트형	섬향나무류, 빈도리류, 괭이밥, 대상화, 설유화, 개모밀덩굴, 양치식물류, 연꽃, 백합류, 기린초, 오르니토갈룸 등
플랜터형	아이비류, 능소화, 비그노니아, 캐롤라이나 자스민, 시계꽃, 으아리류, 석창포, 비비추, 시페루스, 꽃창포, 부처꽃, 벼, 나무딸기, 채진목류, 개들쭉나무 등
시트형	이끼류

▲ 표 2 아이치 세계박람회 '바이오랑' 에서 사용된 기반조성형 벽면녹화 식물(일부)

〈참고문헌〉 下村孝、梅干野晁、輿水肇編『立体緑化による環境共生』(ソフトサイエンス、2005) (財)都市緑化技術開発機構『バイオラング技術概要書』(技術パンフレット)

Q&A 27. 벽면 마감재, 보조자재 등과 식물의 적합성은 있는가?

A 식물의 등반형태 · 종의 특징에 따라 벽면의 마감재 · 보조자재 · 벽면기반재 등과의 적합성이 다르다.

벽면 마감재

흡반형, 부착근형 등의 덩굴식물은 보조자재를 사용하지 않더라도 등반하지만, 부착력은 부착형태와 식물종에 따라 다르다. 부착하는 벽면의 표면이 친수성이며, 또한 요철이 있는 경우에는 강하게 부착하지만, 유리 등 평평하고, 미끄러운 것에서는 부착할 수 없는 경우가 있다. 강하게 부착할 수 없다고 예상되는 경우에는 보조자재를 설치할 필요가 있다.

등반보조자재

등반보조자재는 다양한 종류가 있는데, 면형, 격자형, 선형으로 되어 있는 것이 있으며, 각각 식물종과의 적합성을 고려하여 계획한다. 덩굴손 · 잎자루형 식물은 격자 간격이 넓더라도 비교적 치밀하게 피복되지만, 감기형 식물로 잎이 작은 것은 격자 간격에 비례하여 피복밀도도 떨어진다. 이와 같은 적합성을 벽면 자체의 형태를 포함하여 [표1]에 정리하였다.

분류	벽면 자체								면형 자재				격자형 자재						선형 자재				앵커일체 결속재	퍼걸러 · 선반
자재명 / 식물형태	유리 등	콘크리트	타일 등	금속	목재	자연석 · 벽돌쌓음	경량블록쌓음	도장면	타공철판	다공성섬유재 · 목재	야자섬유매트	부직포	용접 철망	익스펜디드메탈	마름모꼴 철망	수지 네트 등	목재틀 등	대나무 담장 등	금속 선재	로프 등	금속 봉재	다공성섬유·나무·대나무재		
흡반형		○	○	○	○	○	○	△	○	○	△	△	△	△	△	△	△	△			△	○		
부착근형		○	△	△	○	○	○	△	△	○	○	○	△				△					○		△
덩굴손 · 잎자루형									○				○	○	○	○	○	○	○	○	△	○	△	○
감기형									○				○	○	○	△	○	○	△	○	○	○		○
하수형													△	△	△	△	△	△						
기대기형													○				△					△	○	
고목 · 중목													△				△					△	○	

▲ 표 1 등반보조자재의 적합성

벽면기반재

벽면에 기반을 설치한 벽면기반형의 경우에도 기반재의 종류에 따라 적용하는 식물이 다르다. 하부, 상부에서 등반, 하수하는 경우도 포함해서 그 적합성을 [표2]에 정리하였다.

분류	벽면녹화의 지반 · 기반 / 지반 · 기반명	흡반형	부착근형	덩굴손 · 잎자루형	감기형	하수형	기대기형	고목 · 중목	큰 저목	작은 저목	큰 다년생 풀	작은 다년생 풀	큰 1년생 풀	작은 1년생 풀	초본 파종	이끼류	잔디류	세덤류
지반	자연지반	○	○	○	○	○	○	○	△		△		△					
	인공지반	○	○	○	○	○	○	○	△		△		△					
	컨테이너	○	○	○	○	○	○	△	△		△		△					
벽면기반	벽면 뿜칠														○	○	△	△
	벽면 직접 붙임	△	△			△	△			○		○		△		△	△	○
	시트		△			△	△			○		○		△	△	△	△	○
	매트		△			△	△			○		○		△	△			○
	블록 · 판상		△			△	△		△	○	△	○	△	△		○	○	○
	패널		△			△	△		△	○	△	○	△	△		○	○	○
	받침접시 · 포켓					○	△		△	○	△	○	△	○				
	포트 설치					△	△			△	△	○	△	○				

분류에서 '지반'이란 그곳에서 등반, 하수시켜 벽면을 피복하는 방법

▲ 표 2 벽면기반재의 적합성

▲ 사진 1 EX줄눈에 약하게 부착

▲ 사진 2 타일에 부착한 휘커스 퓨밀라

▲ 사진 3 격자 상부에서 하수시킨 아이비와 유인한 능소화

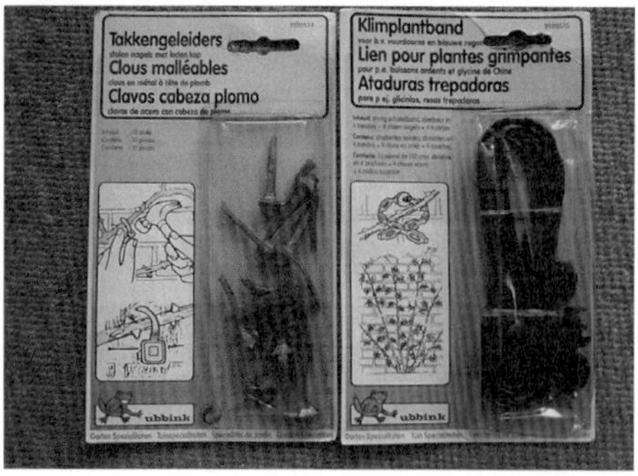

▲ 사진 4 앵커 일체형 결속재

▲ 사진 5 포트 설치형 벽면녹화

Q&A 28. 기후 차이 등 지역에 따라서 사용하는 식물은 다른가?

A 모든 식물은 각각의 종류에 따라 생육에 적합한 온도 · 토양수분 · 일조 조건이 있기 때문에 지역에 적합한 식물을 선택한다.

가장 기본적인 생육 조건-온도

온도는 식물 생육에 있어, 가장 기본적인 생육조건이며, 평균온도, 최저온도에 따라 생육 가능한 지역이 달라진다. 식물 내한구역 지도(최저기온의 평균치로 일본 전국을 15개 구역으로 나누고 있음)가 기재된 서적을 참고하여 계획대상지가 어느 구역에 들어가는지를 확인하여 계획하는 것이 바람직하다고 할 수 있다.

개략적인 구역으로 나누어 보면 ① 홋카이도(北海道) 동북부(-23.3℃ 이하) ② 홋카이도, 해안을 제외한 동북지방(東北地方), 중부 산악지대(-23.3 ~ -12.2℃) ③ 동북지방 해안부, 관동 서쪽 내륙부(-12.2 ~ -6.7℃) ④ 관동 서쪽 해안부(-6.7 ~ -1.1℃) ⑤ 규슈(九州) 최남단, 이즈(伊豆) 제도 해안부, 다네가시마(種子島) 남쪽(도쿄도(東京都) 구내, 오사카(大阪)시내 등 열섬현상이 일어나는 곳. -1.1 ~ +4.4℃) ⑥ 아마미(奄美), 오키나와(沖縄)(+4.4℃ 이상)가 된다. 앞서 언급한 최저기온보다 높은 지역이라면 거의 식재 가능하지만, ① 구역의 식물을 ⑥ 구역에 식재할 경우 생육이 나빠지는 경우도 있다. 주된 벽면녹화용 식물을 **[표1]**에 나타내었다.

내건성이 있는 식물

벽면녹화에서는 토량이 제한되는 경우가 많아 옥상과 같이 토양수분 부족에 견디는 식물을 선정하는 경우가 많다 **[표2]**. 따라서 내건성이 강한 식물, 약한 식물을 판단하여 식재계획시에 수분상황에 따라 식물을 선정하거나 식물종에 따라서 토양 등 기반을 검토할 필요가 있다.

내음성이 있는 식물

벽면녹화의 경우에는 건물의 방향에 따라서 일조 조건이 극단적으로 다르다. 또한 건축물이 빽빽하게 들어서 있는 도시에서는 다른 건물에 가려지는 경우도 많아 음지에 견디는 식물의 선정이 필요하다. 특히 꽃이 피는 식물은 내음성이 약한 것이 많기 때문에 주의해야 한다 **[표3]**.

지역	최저기온	식물종
① 홋카이도 동북부	−23.3℃ 이하	으름덩굴, 미국능소화, 인동덩굴, 미국줄사철 및 원예품종류, 등수국, 노박덩굴, 줄사철, 담쟁이덩굴, 폴리고늄, 등나무, 미국담쟁이덩굴, 환삼덩굴
② 홋카이도 ; 해안을 제외한 동북지방, 중부 산악지대	−23.3~ −12.2℃	으아리속, 딸기나무류, 다래, 송악, 으아리속-몬타나, 홍자단류, 남오미자, 셈퍼비렌스 인동덩굴, 장미류, 위령선 및 원예품종류, 빙카류, 포도류, 잉글리시 아이비 및 원예품종류, 콜치카송악, 담쟁이덩굴속, 덩굴장미, 산포도, 노랑천사덩굴, 왜성로즈마리
③ 동북지방 해안부, 관동 서쪽 내륙부	−12.2~ −6.7℃	시계꽃, 능소화, 학자스민, 팻츠헤데라, 비그노니아, 개모밀덩굴, 알제리아 아이비, 멀꿀, 백등나무
④ 관동 서쪽 해안부	−6.7~ −1.1℃	나팔꽃, 모람류, 영춘화, 자스민, 휘커스 퓨밀라, 캐롤라이나 쟈스민, 이탈리아자스민, 으아리속-아만디, 솔라눔속, 마삭줄류, 하덴버지아
⑤ 규슈 최남단, 이즈제도 해안부, 다네가시마 남쪽	−1.1~ +4.4℃	패션프루트, 그레이프아이비류, 디플라데니아, 테코마리아 카펜시스, 포드라네아, 부겐빌레아, 학자스민
⑥ 아마미, 오키나와	+4.4℃이상	옥시카르디움, 마늘덩굴, 클레로덴드럼, 뱅갈덩굴, 포토스, 몬스테라

▲ 표 1 계획대상 지와 식물종

내건성	식물종
강한 식물	미국담쟁이덩굴, 송악, 보리장나무, 줄사철나무류, 마삭줄류, 담쟁이덩굴, 비그노니아, 포도류, 아이비류
중간 식물	휘커스 퓨밀라, 다래, 으아리류, 장미류, 능소화, 빙카, 등나무, 멀꿀
약한 식물	나팔꽃, 등수국, 조롱박, 수세미오이

▲ 표 2 내건성과 식물

내음성	식물종
강한 식물	휘커스 퓨밀라, 송악, 등수국, 보리장나무, 줄사철나무, 담쟁이덩굴, 남오미자, 빙카, 멀꿀, 노랑천사덩굴
약한 식물	나팔꽃, 으아리류, 인동덩굴, 장미류, 셈퍼비렌스 인동덩굴, 시계꽃, 능소화, 조롱박, 등나무, 포도류

▲ 표 3 내음성과 식물

▲ 사진 1 미국나팔꽃

▲ 사진 2 포드라네아

▲ 사진 3 학자스민

▲ 사진 4 덩굴장미

▲ 사진 5 으아리속-아만디

▲ 사진 6 디플라데니아

Q&A 29. 보조자재를 이용하는 목적은. 풍하중을 어떻게 생각하는가?

A 덩굴식물을 조기에 피복시킴과 태풍 등의 폭풍우에 의해 무성해진 식물의 박리 낙하를 방지하기 위함이다. 풍하중은 덩굴을 떼어내는 작용을 하는 부압을 검토할 필요가 있다.

등반형의 경우

덩굴식물은 종류에 따라서 등반형태가 다르다. 등반형태나 벽면의 소재에 따라 벽면 녹화용 보조자재가 필요하며, 보조자재의 종류도 달라진다.

담쟁이덩굴, 휘커스 퓨밀라 등은 부착력이 강하므로 일반적으로 보조자재를 사용하지 않더라도 등반한다. 그러나 등반과 피복을 빠르게 하기 위해서는 벽면을 등반형태에 맞출 필요가 있다. 예를 들면, 휘커스 퓨밀라는 자연계에서 수목의 줄기를 타고 올라가지만, 이것은 수피에 적절한 수분과 요철이 있어 덩굴에서 나온 기근(부착근)이 부착하기 쉽기 때문이다. 서양의 점토벽 등도 수분과 요철이 있어 보조자재가 없더라도 쉽게 등반할 수 있다. 한편 건물 등의 콘크리트나 타일벽은 표면이 매끄럽다거나 식물이 싫어하는 알칼리성이거나 또한 발수처리가 되어 있거나 하여 부착근에게는 그다지 바람직한 환경이라고 할 수 없다. 적극적으로 등반을 촉진하기 위해서는 철망 · 야자섬유매트 병용 보조자재 등을 이용하면 효과적일 것이다. 콘크리트면에서 이와 같은 자재를 이용하여 휘커스 퓨밀라와 담쟁이덩굴을 혼식 · 등반시킨 결과, 60~70% 정도 피복률이 향상되었다는 보고도 있다 **[그림1]**.

아이비류(송악)는 담쟁이덩굴 등과 달리 부착력이 약해 쉽게 등반할 수 없다. 이들 수종에는 철망 · 야자섬유매트 병용 보호자재가 많이 이용되고 있다. 야자섬유매트는 수피(樹皮)와 같이 적당한 수분과 요철이 있어 기근의 부착을 촉진하며, 철망은 바람에 의한 덩굴의 흔들림을 억제하여 생장을 촉진함과 동시에 일단 무성해진 덩굴이 폭풍우 등에 의해 벽에서 박리되어 낙하되는 것을 방지한다 **[사진]**.

인동덩굴이나 등나무 등의 감기형 식물은 기근과 같은 부착근이 없어, 나팔꽃처럼 휘감기 위한 봉이나 끈과 같은 것이 없으면 등반할 수 없다. 따라서 일반적으로 철망이나 와이어 등의 보조자재를 이용하게 된다.

하수형의 경우

하수형의 경우에 있어서 보조자재의 역할은 주로 바람에 의한 덩굴의 흔들림방지이다. 덩굴이 항상 흔들리면 선단부의 생장이 억제되기 때문에 덩굴의 뿌리 부근이나 옆에서 분지(分枝)와가 활발히 일어나 하수가 늦어지게 된다. 따라서 덩굴이 흔들리는 것을 억제하기 위해 철망 등을 설치한다.

풍하중에 대해서

풍하중에는 벽면을 누르는 정압(正壓)과 벽면을 잡아당기는 부압(負壓)이 있다. 정압에 대해서는 벽면에 보조자재가 고정되어 있다면 벽면 자체가 풍하중을 받기 때문에 벽면녹화에 의한 풍하중을 특별히 고려할 필요가 없다고 생각된다. 벽면에서 떨어져 있는 자립형이나 반자립형에서는 벽면을 건축기준법에 의한 하나의 판상 건축물로서 풍하중을 계산하는 방법이 좋을 것이다.

▲ 사진 보조자재가 없어 박리 낙하한 아이비

부압에 대해서는 덩굴식물이 무성했을 때 강풍이 어느 정도 덩굴을 잡아당기는지 등을 측정한 데이터는 현재까지 없다. 그러나 건축기준법에서는 벽면(지붕재, 외장재 및 옥외에 면한 벽)의 풍압력 산출방법이 규정되어 있으므로, 부압을 산출할 수 있다. 덩굴식물과 보조자재가 일체를 이룬 것이 외장재라고 보고 동기준으로 산정된 풍압력을 근거로 보조자재의 설치 강도 등을 검토하면 될 것이다. 예를 들면 도쿄지구의 기준 풍속은 34m/s, 지표면 거칠기(粗度)구분 Ⅲ(통상의 시가지) 지역에서는 건축물의 높이가 20m면 최대하중부(隅角部)의 부압은 1,269Pa(약 130kgf/m²)로 산출할 수 있다 **[그림2]**.

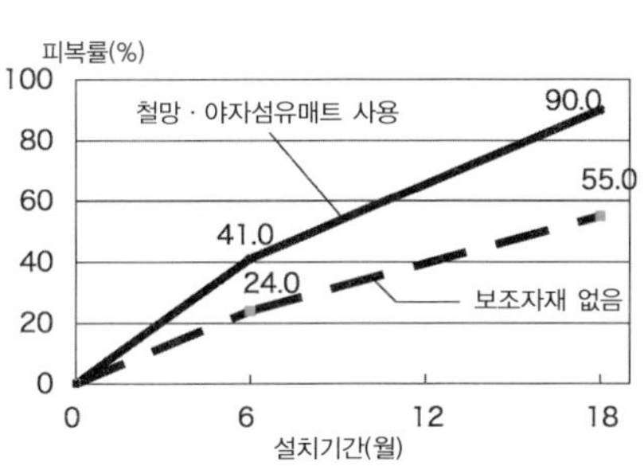

▲ 그림 1 철망 · 야자섬유매트의 효과(담쟁이덩굴, 휘커스 퓨밀라의 혼식)

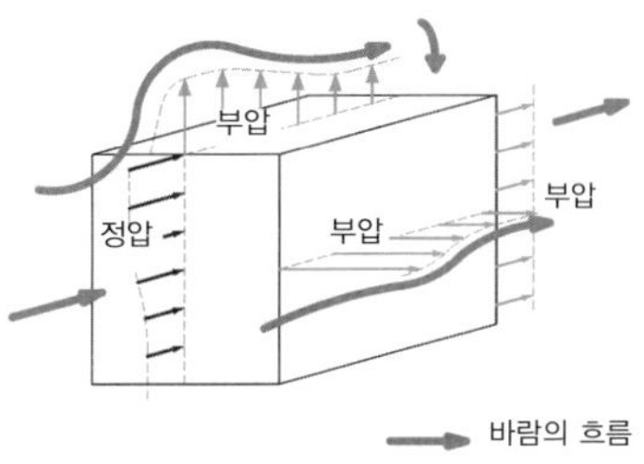

▲ 그림 2 건물에 작용하는 풍압력

〈참고문헌〉 牧 隆、渡辺裕之、柏木秀公、金田尚也「ヤシガラ系登はん資材を利用した各種つる植物の登はん状況」『造園技術報告集』(2001)

Q&A 30. 보조자재에는 어떠한 종류가 있는가?

A 와이어, 철망, 네트, 철망 · 야자섬유매트 병용형 등이 있으며, 사용하는 식물에 맞추어 자재를 선정 · 사용한다.

덩굴성 식물의 유인용 보조자재에 대해서

일반적으로 벽면녹화를 시공하는 장소는 건물 · 토목구조물 · 독립벽(자립벽이라고도 함) 등의 구조물 표면이 된다. 이들 구조물을 직접 식물로 피복하고자 한다면 여름철 구체 표면온도의 상승(50~70℃ 정도)에 의해 식물의 생장이 방해를 받는다거나 바람에 의해 새싹이 부러지는 등의 현상이 발생하게 된다. 이들 현상을 방지하여 보다 피복률을 높이기 위해서는 녹화용 보조자재가 필요하다.

벽면녹화용 보조자재에는 **[사진1~4]**나 **[표]**에 나타낸 바와 같은 종류가 있으므로 적용

▲ 사진 1 와이어

▲ 사진 2 용접철망(와이어 메시)

▲ 사진 3 철망+야자섬유매트

▲ 사진 4 헤고(다공성 섬유)

에 있어서는 사용할 덩굴식물의 종류, 벽면의 소재, 시공조건 등을 고려하여 최적의 것을 선정하도록 한다.

명칭	종류	특 징
와이어	1×19	선이 굵어 파단하중이 강하다. 신축성이 적어 쉽게 구부려지지 않는다.
	7×7	일반적인 와이어. 다양한 용도로 사용
	7×19	부드러워 구부리기 쉽기 때문에 당김줄 등의 용도로 사용
철망	마름모형 철망	망눈을 마름모형으로 짠 가장 일반적인 철망. 길이를 끝없이 늘일 수 있으며, 유연성이 풍부하다.
	용접철망(와이어 메시)	선재를 종 · 횡 직각으로 배열하여 장방형 · 정방형의 망눈을 만들어 그 교점을 용접하여 만든다.
	크림프 철망	선을 균일한 파형으로 가공하여 종 · 횡으로 짠다. 잘 풀리지 않는다.
	귀갑철망	철망 중에서 가장 오래되었으며 일반적으로 사용된다. 선재를 꼬아 망눈을 귀갑모양으로 짠 철망
	기타 철망	직조철망 · 플래트탑철망 · 락크림프철망 · 철망격자 · 글라스다이아몬드매시 · 후층철망 등
타공 철판	둥근 구멍	강판을 둥근 모양 금형으로 타공한 것
	긴 구멍	강판을 긴 모양 금형으로 타공한 것
	각 구멍	강판을 각형 금형으로 타공한 것
	기타	다이아눈 · 사각눈 · 귀갑눈 · 장식용 모양눈 등의 종류가 있다.
네트	폴리에틸렌제(유결절)	폴리에틸렌을 주원료로 한 것을 세 겹으로 짜고, 망눈을 유결절로 만든 것. 독립적인 망눈구조로 잘 풀리지 않는다.
	폴리에틸렌제(무결절)	폴리에틸렌을 주원료로 한 것을 세 겹으로 짜고, 망눈을 무결절로 만든 것
	플라스틱제	폴리에틸렌 또는 폴리프로필렌을 주원료로 용융착제법에 의한 연속압출 성형을 한 것
철망 · 야자섬유 매트 병용형	등반매트 일체형 입체철망	난연성과 내구성이 있는 야자섬유매트와 입체철망이 일체화되어 있다. 다양한 덩굴식물에 대응 가능. 특히 부착근형 식물에 적합하다.
헤고(다공성 섬유)	–	헤고과의 목질계 양치식물로 줄기 주위의 부정근을 가공하여 난이나 덩굴성 식물의 보조자재로 이용하고 있다.
부직포	폴리에스테르, 폴리프로필렌 등 각종	소재는 폴리에스테르섬유, 폴리프로필렌섬유 및 합성섬유 등으로 만들어진 것이 많다. 최근, 난연효과가 있는 것도 제조되고 있다.

▲ 표 1 덩굴성 식물의 녹화용 보조자재 예

Q&A 31. 와이어 메시 보조자재를 사용하는 경우의 유의점은?

A **와이어 메시의 설치는 벽면의 종류나 내구성을 고려하여 고정 금속 및 와이어 메시의 선형(線形)·재질을 선정하는 것이 중요하다.**

와이어 메시 보조자재를 사용하는 경우의 유의점

와이어 메시 보조자재를 건물이나 토목구조물·독립벽면(행사·금속제 방음벽·입체주차장) 등(이하, 벽면이라 함)에 설치하는 경우, 다음에 유의할 필요가 있다.

① 벽면의 재질과 고정 금속(앵커류)

- 벽면이 철근콘크리트판과 같은 콘크리트인 경우에는 삽입식 앵커볼트를 사용한다 **[사진1]**.
- 벽면이 경량기포콘크리트판이나 중공벽인 경우에는 IT걸이형 앵커볼트를 사용한다 **[사진2]**.
- 벽면이 독립벽면과 같은 철골재인 경우에는 직접 철골로 용접하거나 철골을 뚫어 볼트와 너트로 고정한다.
- 벽면이 목재나 석고보드와 같은 부드러운 벽면인 경우에는 스크류식 볼트로 장시간 중량을 부담시키면 벽면에 지장을 발생시킬 위험이 있기 때문에 앵커류의 직접 시공은 피해야 한다. 이와 같은 경우에는 철골 등의 지주를 설치하여 시공하는 것이 바람직할 것이다. 고정 금속은 콘크리트나 철골 등에 구멍을 뚫어 설치함으로써 누수나 녹이 생기는 것에 대해서 충분히 고려한 시공이 필요하다.

② 와이어 메시의 선형(線形)·망눈 및 벽면으로부터의 거리

- 와이어 메시의 선형은 식물이 생육하는 크기(고체중량)나 일사에 의한 메시의 표면온도 등에 따라 선정되는 경우가 많은 듯하다. 일반적으로 생육이 왕성한 식물은 ϕ 4.0mm 이상의 선을 사용하는 경우가 많으며, 양지바른 장소에서는 선을 가늘게 하고 (ϕ 4.0mm 이하) 망눈을 작게 할 필요도 있다.
- 와이어 메시의 망눈은 식물의 특성 등에 따라서 선정되는 경우가 많으며, 일반적으로는 잎의 크기보다 약간 큰 정도(50~100mm)가 좋다. 또한 생장이 빠른 덩굴성 식물은 비교적 망눈이 큰(100~200mm) 것이 등반하기 쉬운 식물도 있다.

- 와이어 메시의 벽면으로부터의 거리는 사용 식물의 특성이나 벽면의 종류 등에 따라 선정되는 경우가 많아 토목구조물이나 철골 등의 벽면에서는 비교적 거리를 가깝게(30~100mm), 건물의 콘크리트면에서는 덩굴식물의 기근이나 흡반이 콘크리트 표면에 부착하는 것 등을 고려하여 비교적 벽면에서 멀게(100~500mm) 설치하는 경우도 있다. 또한, 부착근형 덩굴식물로 벽면녹화를 하는 경우, 와이어 메쉬 보조자재는 일반적으로 필요하지 않지만, 강풍에 의한 덩굴식물의 벽면으로부터의 박리 낙하방지라는 관점에서의 이용방법도 충분히 생각해야 한다. 와이어 메시의 벽면에 대한 설치 금속의 예를 **[사진3~4]**에 나타내었다.

③ 와이어 메시의 선재(線材) 강도

와이어 메시의 선재 강도는 환경 등의 여러 조건에 따라 차이가 생기지만, 내식성(耐食性)을 충분히 고려하여 계획 · 적용하는 것이 바람직하다 **[표]**.

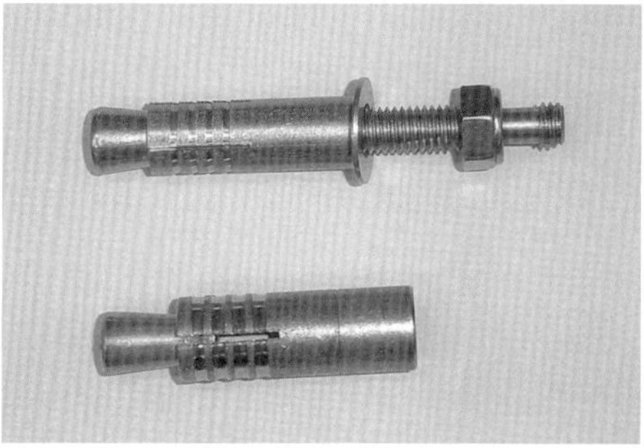

▲ 사진 1 삽입식 앵커볼트

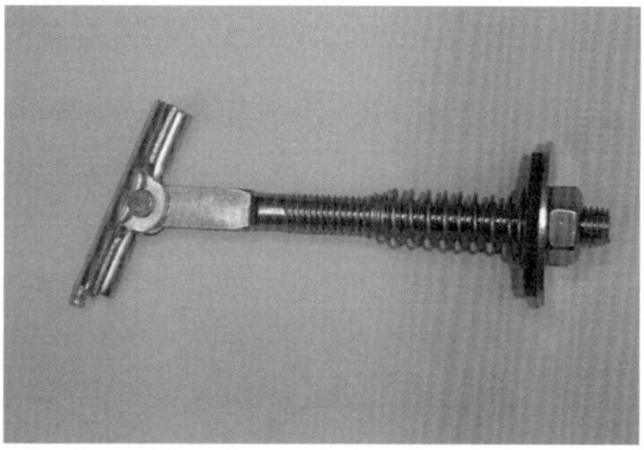

▲ 사진 2 T걸이식 앵커볼트

▲ 사진 3 설치 금속 예

▲ 사진 4 설치 금속 예2

종별	특성(내식성 등)	비고
3종 아연도금철선 (GS-3)	내식성 : 약 4년, 철선 표면에 아연도금이 되어 있다.	아연부착량 *135g/㎡ 이상
7종 아연도금철선 (GS-7)	내식성 : 약 12년, 3종 아연도금철선에 비해 내식성이 높다	아연부착량 400g/㎡ 이상
알루미늄 피복철선	내식성 : 약 20년, 내식성이 우수하여 해안지역이나 한랭지에서 많이 사용	철선 표면에 알루미늄을 피복
아연 · 알루미늄 합금도금철선	내식성 : 약 15년, 아연에 10% 알루미늄을 혼합한 합금도금철선	아연알루미늄부착량 300g/㎡ 이상
스테인리스선	내식성 : 약 20년, 단단하고 견고하여 가공성이 좋다. 농약에 약하다.	일반적으로 SUS304를 사용

▲ 표 선재 강도의 목표

※ 3.2mm 선형의 경우

Q&A 32. 철망 · 야자섬유매트 병용 보조 자재를 사용하는 경우의 유의점은?

A 야자섬유매트의 내구성을 고려하여 부착형 덩굴식물을 조기에 확실하게 등반시킨다.

철망 · 야자섬유매트 병용 보조자재의 유의점

철망 · 야자섬유매트 병용 보조자재는 부착형 덩굴식물의 등반 확실성과 피복속도를 향상키는 것을 주목적으로 하는 자재이다 **[사진1]**. 부착형 덩굴식물은 감는 덩굴형에 비해 장기간 벽면 전체를 푸른 잎으로 조밀하게 피복하며, 유지관리가 비교적 용이한 수종이 많다는 점이 특징이다 **[사진2]**. 아이비류 등의 부착형 덩굴식물은 흡수 보습성이 우수한 야자섬유매트에 부착근을 흡착시켜 철망과 매트 사이를 등반한다 **[사진3]**. 철망은 강풍이나 적설 등에 의한 식물의 박리 낙하를 방지함과 동시에 감는 덩굴형의 덩굴식물을 등반시킬 수 있다. 따라서 녹화를 완성시키기까지의 기간이나 장래의 경관, 유지관리 등을 고려하여 도입수종을 조합시키는 것이 중요하다.

야자섬유매트는 덩굴식물이 피복하기까지의 기간 동안 형태가 유지되지 않으면 보조자재로서의 기능이 저하되어 버린다 **[사진4]**. 따라서 내후제(耐候劑)가 들어간 5년 정도의 내구성이 있는 것이 많이 사용되고 있는 듯하다. 한편 내구연수(耐久年數)가 지나면 야자껍질은 가루상태가 되어 조금씩 식물 사이를 낙하하여 분해되기 때문에 덩어리째 비산한다거나 쓰레기가 발생할 걱정은 없다. 또한 건물이나 도로 등에서 사용하는 경우에는 불에 타지 않게 가공한 것을 사용하도록 한다.

철망은 건물 벽면에서는 스테인리스재, 토목 벽면에서는 용융 아연 메시 강재가 일반적으로 많이 사용되고 있다.

설치장소의 유의점

철망 · 야자섬유매트 병용 보조자재는 부착형 덩굴식물을 등반시킴으로써 유지관리를 가능한 한 줄이고 싶은 장소에 많이 이용되고 있다. 창이나 환기구 주위에 대한 신장방향을 조절하는 자재의 설치나 식재기반의 표면에 멀칭재를 설치하여 잡초를 억제하는 등의 방법을 조합시키면 더욱 유지관리를 줄일 수 있다.

또한 야자섬유매트가 병용되고 있기 때문에 설치 직후부터 벽면을 수경하고 싶은 장소, 벽에서의 반사나 낙서를 방지하고 싶은 장소에도 많이 사용되고 있다. 반대로 매트가 있기 때문에 빛을 거의 통과시키지 않게 되므로 발코니 등의 채광을 필요로 하는 장소에서는 전면에 설치하는 것은 피하는 것이 좋을 것이다.

고정방법에 있어서의 유의점

보조자재의 고정방법은 벽면의 소재에 따라 다르지만, 기본적으로는 구체가 마무리된 후 앵커 등을 이용하여 설치한다. 벽의 도색 등 유지관리를 필요로 하는 벽면에서는 보조자재를 떼어낼 수 있는 고정 금속을 사용하도록 한다.

덩굴식물을 조기에 확실하게 등반시키는 것이 전제

보조자재는 덩굴식물을 등반시키기 위한 것에 지나지 않으며, 식물이 건전하게 생육하지 않으면 본래의 기능은 발휘되지 않는다. 야자섬유매트의 내구성을 고려하여 내구연수가 지날 무렵에는 벽면 전체를 덩굴식물로 피복되도록 계획을 세우도록 한다. 조기에 확실하게 등반시키기 위해서는 식재기반의 질이나 크기, 비료, 수종 선택 등에도 중점을 두는 것이 벽면녹화를 성공시키는 중요한 요건이라고 할 수 있을 것이다.

▲ 사진 1 철망과 야자섬유매트를 일체화시킨 보조자재의 예

▲ 사진 2 부착형 덩굴식물(아이비류)을 사용한 벽면녹화 사례

▲ 사진 3 부착형 덩굴식물의 등반형태(야자섬유매트에 부착근을 흡착)

▲ 사진 4 내구성이 낮은 야자섬유매트(덩굴식물이 피복하기 전에 노후화)

Q&A 33. 살수기 · 관수설비는 필요한가. 이때, 빗물을 이용하는 방법은?

A 비가 닿기 어려운 장소나 사람이 쉽게 관리할 수 없는 장소에는 자동관수설비가 필요하다. 빗물이용은 수량의 안정 확보와 수질이 중요.

녹화에는 물이 필요

식물은 토양의 유효수분을 흡수하여 잎에서 광합성을 통해 물과 산소를 증산한다. 이 활동으로 식물은 식물체를 구성하는 단백질과 당분을 생성하므로 수분, 공기, 태양에너지는 식물에 있어서 없어서는 안 될 요소이다.

벽면을 녹화할 때, 식물이 심겨진 장소는 벽이나 메시가 인접해 있다. 또한 플랜터 등 협소한 부분 토양에 식재된 경우도 있으며, 대부분은 빗물이 공급되기 어려운 환경이다.

독립기반(컨테이너방식이나 인공지반, 기반조성방식)의 경우에는 뿌리 분포구역이 제한되어 있으므로, 적절한 전정 관리에 맞춘 인위적인 살수가 필수조건이다. 또한 자연지반의 경우에도 조기활착 때까지나 건조기에는 살수를 실시하는 것이 바람직하다고 할 수 있다. 살수량은 녹피면적 1㎡당 약 5L를 목표로 토양에 준다.

살수상의 주의점

벽면이라는 장소는 사면녹화와 마찬가지로 상부는 건조, 하부는 과습이라는 수분환경이 되기 쉬운 장소이다. 이러한 수분의 균형을 균일하게 하는 것이 벽면녹화의 관건이다.

살수문제가 발생하는 원인은 다음과 같다.

① 살수 분기점에서 살수 호스꼭지까지의 거리가 길다

② 고저차에 따른 압력문제

③ 살수 정지 후 남은 물의 배수

이러한 것들에 주의하여 관수계획을 실시한다. **[그림]**을 참조하여 문제가 발생할 가능성이 있는 위치를 확인하도록 한다. 더불어 계획은 전문가에게 상담하도록 한다.

살수제어방법

살수는 살수 호스를 설치하여 수동, 자동, 반자동 등의 방법으로 제어한다. 독립기반방식의 경우에는 수분이 다른 곳에서 유입되는 것이 적기 때문에 토양의 건조가 일어나기 쉬우며, 이러한 건조가 일어나기 쉬운 장소에서는 전자기판 등과 타이머를 조합시킨 자동제어방식이 바람직할 것이다. 특히 건조기에는 2~3일간 수분공급이 막히면 잎의 색이 노래지며, 연약해지거나 잎의 윤곽이 검게 변색되어 낙엽이 지는 등 수분부족 증상이 나타나는 것을 자주 볼 수 있다. 일사나 바람환경, 토양의 균형에 따라 증상 발생에 차이가 있지만, 지하부보다 지상부의 전개량(展開量)이 큰 덩굴성 식물에 있어서는 뿌리부분의 수분환경 변화가 지상부에 현저하게 나타나게 된다. 매일 살수관리를 실시할 수 없는 장소에서는 살수를 자동화하는 것이 필요하다.

또는 사람이 쉽게 접근하기 어려운 장소의 녹화에서는 살수설비 고장 시 이상을 조기에 발견할 수 있도록 시스템 제어기를 설치하는 경우도 있다.

사람이 쉽게 접근할 수 있고, 또한 관리체제가 충실한 공동주택 등에서는 제어시스템을 반자동식이나 전지식 등 간소화할 수 있다. 확실한 유지관리 운영체계가 초기 설치비용을 줄이는 방법이기도 하다.

빗물이용방법

빗물을 효과적으로 이용하여 관수관리를 실시하는 것은 향후 녹화 보급에 필요한 기술이다. 빗물이용방법은 ① 지붕에 내린 비를 홈통 등을 통해 저류조에 저장하는 방법, ② 운동장 등 지상에 내린 비를 일시적으로 지하에 저류하는 방법인 '빗물지하저류시스템', ③ 교각부 등에서 도로에 내린 비를 홈통을 통해 식재부에 직접 살수하는 방법 등이 있다. ③의 방법 이외에는 일단 저류한 물을 펌프 등을 이용하여 식재지에 공급하는 설비가 필요하다. 또한 설비기기가 견뎌낼 수 있는 수질(화학성, 부유물 등)인지 여부도 확인해 둘 필요가 있다. 사전에 확인하도록 한다.

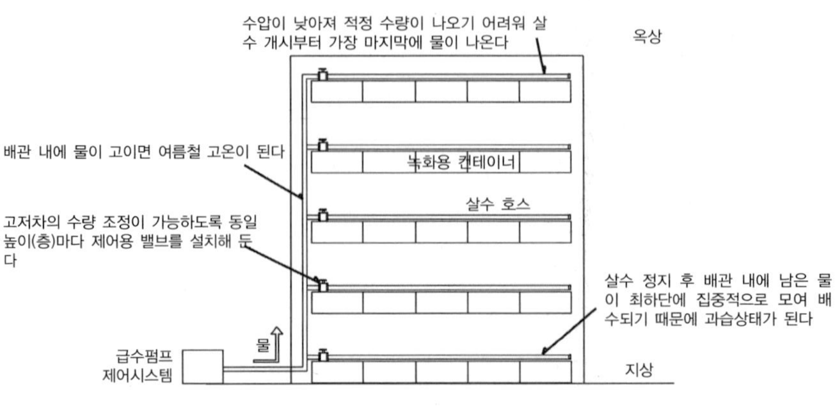

▲그림 살수설비의 유의사항

Q&A 34. 벽면녹화는 어느 정도 높이까지 가능한가?

A 실용적으로는 대지(자연지반)에서 등반시키는 경우 20~30m, 인공지반 위에 식재한 경우에는 5~10m 정도이다.

대지에서 등반시키는 경우

식물학적인 수목의 높이 제약에는 ① 줄기를 강도적으로 지탱하는 한계, ② 토양에서 물을 끌어올리는 높이의 한계라는 두 가지 요인을 생각할 수 있다. 덩굴식물의 경우, 기본적으로는 다른 수목이나 건물 등에 휘감겨 신장하기 때문에 ①의 제약은 상당히 적을 것으로 추정된다. ②에 대해서는 잎의 증산에 의해 뿌리에서 물을 끌어올리는 식물의 힘을 이론적으로 살펴보면 450m 정도의 높이가 된다. 다만 실제로는 줄기의 수간류(樹幹流)가 자연 상태에서 서서히 폐쇄되거나 거기까지 생장하기 전에 환경 변화에 좌우되는 등 130m 정도가 식물 높이의 한계라고 생각된다. 일본에서는 태풍 등의 영향도 있어 30m를 넘는 수목도 드문 일이며, 수목 등을 지탱재로서 생육하는 덩굴식물에 있어서는 등반하는 높이에도 한계가 있는 것으로 판단된다.

도쿄 교외에서 볼 수 있는 상당한 높이까지 생장한 덩굴식물의 사례 **[사진1~2]**를 살펴보면 시간을 들이면 덩굴식물에 의한 등반은 20~40m 정도 가능하다는 것을 알 수 있다. 더 많은 시간을 들이면 50m 이상의 높이까지 등반할 가능성도 있다고 생각된다.

▲ 사진 1 아파트 급수탑. 담쟁이덩굴이 높이 30m 이상 올라가 있다

▲ 사진 2 높이 22.5m의 목욕탕 굴뚝. 휘커스 퓨밀라(상록)가 25년 정도 걸려 굴뚝 전체를 피복

다만 이러한 사례는 적극적인 벽면 녹화라기보다도 양호한 식재기반(양과 질)의 존재와 수십년이라는 긴 등반 기간이 부여된 행운(건물의 보수 등으로 제거한 적이 없었음)에서 비롯된 자연의 산물이라고도 할 수 있을 것이다.

▲ 사진 3 자연지반으로부터 최고 높이 28m의 등반형 벽면녹화에 도전 중

한편, 실제 벽면을 녹화하는 경우에는 수년 동안에 걸쳐 벽면이 피복되는 것이 바람직하다. 더불어 벽면녹화인 이상 전정 등의 관리가 가능하고, 어느 정도 아름다운 경관이 유지되는 것도 필요할 것이다. 이러한 것을 고려하면 등반에 의한 실용적인 벽면녹화의 높이는 20~30m 정도라고 할 수 있다 **[사진3]**.

인공지반에서 등반시키는 경우

인공지반의 경우, 한정된 뿌리 분포 지역이라는 제약에서 필연적으로 등반 높이에 한계가 있을 것을 추정된다. 건물 위에 설치할 수 있는 토량에는 한계가 있으므로 이에 따라서 인공지반에서 보유할 수 있는 양분과 수분량 등도 대부분 결정되어 버린다. 따라서 인공지반의 경우, 실용적인 토양의 확보량에서 생각해 보면 지속성이 있는 벽면녹화로서는 5~10m 정도라고 생각된다.

인공지반과 자연지반을 조합시킴으로써 20~30m 이상의 높은 벽면을 녹화하거나 벽면의 피복속도를 빠르게 할 수도 있다 **[사진4]**.

▲ 사진 4 인공지반과 자연지반을 조합함으로써 높이 26m의 벽면을 조기 피복

〈참고문헌〉 鈴木英治『植物はなぜ5000年も生きるのか』(講談社、2002) ／ 近藤三雄『つる植物による環境緑化デザイン』(ソフトサイエンス社、1997)

Q&A 35. 벽면녹화는 어느 정도의 기간으로 가능한가. 조기에 녹화하고 싶은 경우에는?

A 규모와 수종에 따라 다르지만, 일반적으로 여러 해가 걸린다. 조기녹화에는 생육이 빠른 덩굴식물과 적정 보조자재를 이용한다. 설치 시 완성을 위해서는 기반조성형 벽면녹화방법을 택한다.

덩굴식물의 신장과 피복까지의 기간

덩굴식물이 1년간 어느 정도 자라는지는 식재장소의 기상이나 토양 조건에 따라, 또한 활착 후의 상태에 따라 변하지만, 크게는 [표]와 같이 구분된다. 이바라키현(茨城県)의 실증실험(→ Q.61)에서는 콘크리트(ALC판) 북쪽 벽면에서의 생육실험 결과 6월 하순에 식재, 3개월 후인 9월 하순에는 비그노니아, 능소화, 인동덩굴의 신장이 3m에 달했다 [사진1]. 한편, 보조자재가 없는 타설 콘크리트 옹벽에서는 5년간 5m 밖에 자라지 않은 경우도 있다 [사진2].

조기 녹화에 생육이 빠른 종류를 이용하는 것은 당연하지만, 감기형은 보조자재로서 철망의 규격, 부착형(담쟁이덩굴, 아이비, 능소화, 비그노니아 등)은 벽면의 마감상태에 따라서 크게 좌우된다. 까슬까슬한 부분이 많은 거친 면이나 야자섬유매트, 줄눈상의 홈에서는 생육이 빨라져 아이비류 등에서는 3년이 안되어 높이 3m 정도까지 피복되는 예는 많은 듯하다 [사진3].

또한 등반과 하수 양쪽을 이용하는 것도 조기에 녹화하기 위한 좋은 방법이다. 나고야시(名古屋市)에 있는 극장에서는 야자섬유매트와 철망 보조자재를 이용하여 등반과 하수에 의해 높이 13m 벽면이 비그노니아, 능소화, 시계꽃, 알제리아 아이비, 담쟁이덩굴 등에 의해 약 2년간 대부분 피복되었다 [사진4].

기반조성형에 의한 조기녹화

기반조성형의 경우에는 전면 피복에 가까운 밀도나 포장에서 양생을 한다면, 설치 시

빠르다	2m 이상	인동덩굴, 남오미자, 담쟁이덩굴, 비그노니아, 노박덩굴, 시계꽃, 폴리고늄, 능소화, 풍선덩굴, 등나무, 유홍초
중간	1m 이상	으름덩굴, 캐롤라이나 자스민, 빙카, 마삭줄, 덩굴장미, 알제리아 아이비, 잉글리시 아이비, 멀꿀
느리다	1m 미만	휘커스 퓨밀라, 줄사철나무, 각종 아이비류

*지역, 토양상태, 식재환경, 보조자재에 따라 다르다

▲표 덩굴식물의 연간 신장량에 따른 분류

에 거의 완성형으로 할 수 있다 **[사진5~6]**. 그러나 아이치(愛知) 세계박람회 바이오렁과 같이 1~2월의 설치에 있어서는 사전 양생기간을 가지고 생육을 시키는 것은 바람직하지 않으며, 또한 온실양생은 외부기온과의 차이에 의한 식물의 손상도 예상되는 등의 과제도 있지만, 조기 녹화에는 필요한 방법이라고 할 수 있다.

▲ 사진 1 덩굴식물의 생육실험(등반형 · 보조자재 있음)

▲ 사진 2 5년간 5m 신장-고가밑 옹벽 · 보조자재 없음(알제리아 아이비)

▲ 사진 3 2년 6개월간 3m 신장-야자섬유매트와 철망(아이비)

▲ 사진 4 건물 벽면의 전면 녹화(등반 · 하수 병용형 · 보조자재 있음)

▲ 사진 5 전시회에서의 사례

▲ 사진 6 설치 2개월 후의 사례

〈참고문헌〉 近藤三雄『つる植物による環境緑化デザイン』(ソフトサイエンス社、1997)

Q&A 36. 벽면의 방위는 영향을 미치는가?

A 방위에 따라 일조시간, 기온, 습도, 바람 등의 환경 특성이 매우 상이하여 벽면녹화 식물의 생육에 커다란 영향을 미친다.

벽면의 방위와 식물 생육환경

벽면의 방위(방향)에 따라 벽면이 받는 풍력, 온도, 습도, 조도, 일조시간, 일사량 등이 상이하여 식물의 생육에 영향을 미친다.

벽면은 하절기의 태풍이나 계절풍 등 바람의 영향을 받기 쉬우며, 강풍으로 식물이 벽면에서 박리된다거나 토양 건조의 원인이 된다. 일사 조건이 좋은 남향의 벽면은 일사도 강하고 기온도 높아 하루의 온도차가 심하여 쉽게 건조한 벽면이 된다. 서향의 벽면은 석양이 비춰 남쪽 벽면과 비슷한 환경이 된다. 한편 북향의 벽면은 그늘지고 일조시간이 짧아 온도가 낮지만 하루의 온도차가 적어 쉽게 건조되지 않아 남향 벽면에 비해 환경변화가 적은 장소라고 할 수 있다. 또한 지역에 따라서 겨울철의 냉기에 의해서 상해(霜害) 등을 입는 경우가 있다. 녹화를 하는 경우, 벽면의 높이와 함께 방위에 따른 생육환경의 차이를 충분히 파악해 둘 필요가 있다.

환경압	남향 벽면	북향 벽면
바람	태풍이나 계절풍에 의한 식물의 박리. 토양이 쉽게 건조된다.	
건조	일조 조건이 좋아 쉽게 건조된다.	그늘져 쉽게 건조되지 않는다.
온도	고온이 되어 하루의 온도차도 심하다.	남향 벽면에 비해 기온이 낮으며, 온도차도 적다. 상해(霜害)가 우려된다.
일조	길다.	짧다. 조도도 낮다.

▲ 표 1 벽면의 방위와 환경특성

벽면의 바람환경

벽면의 바람환경은 복잡하여 바람이 부는 장소에서는 상승풍, 하강풍, 돌풍 등이 발생하며, 측면에서는 강한 박리풍이 불어 상부만큼 풍속이 강해진다 **[그림1]**. 따라서 강풍에 의해 벽면녹화의 식물 박리나 자재 등이 날아갈 위험성이 있다. 이와

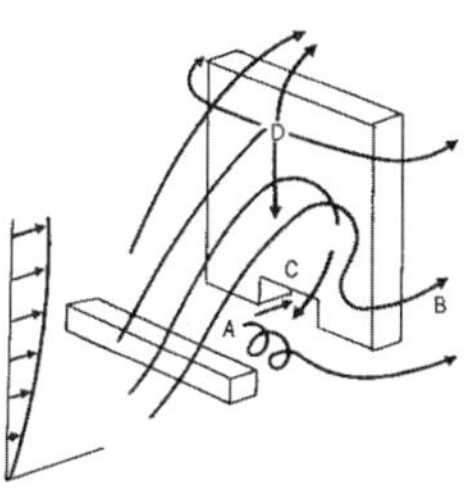

▲ 그림 1 건물 주변의 바람 흐름

같은 것을 방지하기 위해 녹화 지지재 설치 등의 대책이 필요하다(→ Q.29). 또한, 바람의 영향으로 토양이나 식물이 쉽게 건조되기 때문에 내건성이 있는 식물의 선택이나 관수빈도를 높일 필요도 있다.

벽면의 온도환경

지상의 식재지처럼 지하로의 열전도가 없는 벽면의 온도는 지상부에 비해 쉽게 뜨거워지고 쉽게 식는 상태에 있다. 특히 하절기의 고온과 동절기의 저온이 문제가 된다. 하절기 직사광선이 잘 비치는 남향 벽면의 콘크리트 벽면 온도는 50℃에 이르는 경우도 있으므로 직사광선에 의해서 식물생육에 장해를 초래하게 되므로 콘크리트나 금속류 등 열전도율이 높은 재료의 벽면에서는 특히 주의할 필요가 있다. 또한 건물의 그림자에 영향을 받는 북향 벽면은 동절기에 상당히 춥기 때문에 상해(霜害)에 의해 식물이 손상을 입기 때문에 서리에 대한 대책을 강구할 필요가 있다.

벽면의 방향과 일조시간

벽면의 일조시간은 방위에 따라 크게 달라진다. 남향 벽면은 일사조건이 좋고 일조시간이 길지만, 북향 벽면은 그늘이 지며 일조시간은 매우 짧다. 건물이 늘어서 있는 시가지에서는 인접한 건물과의 복합그늘에 의해 일조시간이 거의 없는 벽면도 발생할 것이다. **[그림2]**는 아이치(愛知) 세계박람회 '바이오렁' 중앙부의 폭 약 5m 통로 양측의 춘분 · 추분 · 하지의 일조시간이다. 북동으로 약 40° 기울어진 벽면인데 하지에는 1시간 이상, 춘분 · 추분에는 일조시간이 거의 없다. 이와 같이 춘분 · 추분 음영도(陰影圖) 등을 작성하여 벽면의 일조시간을 확인해서 식물 선정에 참고하면 좋을 것이다. 또한, 장소에 따라 조도가 실내와 같은 장소도 있다. 조도에 대해서도 벽면의 높이마다 체크해 둘 필요가 있다.

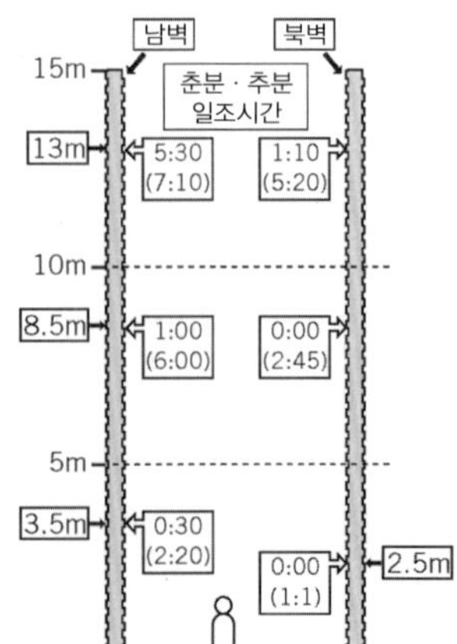

▲그림2 바이오렁 벽면의 일조시간.( )안은 하지의 일조시간

이상과 같이 벽면의 북면과 남면은 전혀 다른 환경이라고 할 수 있다. 남향 벽면은 하절기에 고온이 되어 하루의 일조시간이 길고 쉽게 건조되며, 북향 벽면은 일조시간이 짧고 동절기에는 심하게 춥다. 이들 환경조건(환경압)을 충분히 파악한 후 적절한 식물을 선정하여 관수(방법, 시간, 수량), 방풍이나 지지재 설치

등 벽면을 기반으로 한 녹화공법을 강구할 필요가 있다. 대략적으로 쉽게 건조되고, 고온이며, 온도차가 심한 남향 벽면보다는 일조시간은 짧지만 쉽게 건조되지 않고 온도차가 적은(환경변화가 적은) 북향 벽면이 식물의 생육에 좋은 경우가 많을 것이다 [표2].

식물	방위	면적(cm^2)	
		등반	하수
담쟁이덩굴	북	9,310	3,974
	남	8,038	3,872
휘커스 퓨밀라	북	5,914	3,116
	남	6,714	2,639
송악	북	6,686	3,717
	남	5,140	3,970
비그노니아	북	8,883	2,033
	남	8,251	1,980

▲ 표 2 벽면방위와 식물의 생육

〈참고문헌〉 勝田他『建築設計資料集成』(丸善、1979) ⁄ 朴容珍、沖中健『壁面緑化用つる植物の登攀と下垂における生育特性に関する基礎研究』「造園雜誌」(日本造園学会、1990)

Q&A 37. 차폐를 위해 자립형 등의 벽면을 녹화할 경우의 유의점은?

A 녹화할 자립형 벽면(구조체)의 안전성, 차폐효과와 벽면녹화의 의장성이 관건.

자립형 벽면녹화를 설치할 때의 유의점

지상부의 차폐나 옥상설비 장소의 차폐 등을 목적으로 벽면녹화를 실시할 경우, 기존 벽이 없을 때에는 벽면녹화를 하는 구조체(자립벽)를 만드는 것이 당연히 필요하다.

구조체 · 설비에 대해서

① 어떤 자립형 벽면(차폐면)으로 할지에 대한 검토
벽면녹화의 자중 · 바람의 영향 · 지진 등을 고려한 벽면(구조체)을 만들 필요가 있는 경우에는 자립할 수 있는 기초 등이 필요하다. 상설이든, 가설이든 안전을 위한 구조검토를 하지 않으면 안 된다. 구조검토는 전문가에게 의뢰할 것을 권한다. **[사진1~4]**는 상설설치 · 가설설치한 자립형 벽면녹화의 사례이다.
② 벽면녹화의 급수 및 배수가 설치할 장소에 미치는 영향 검토
③ 중수이용의 검토
중수를 효과적으로 활용할 경우에는 중수의 수질 확인, 급수시스템에 대한 접속방법, 배수계통의 확인 등이 필요하다.

식재에 대해서

① 어느 정도 녹피율의 차폐면(벽면녹화)을 원하는지, 녹피율이 높은 것을 원한다면 잎이 큰 식재가 잎이 작은 것에 비해 녹피율을 높이기 용이하므로 좋을 것이다.
② 낙엽 식물을 사용할 경우에는 낙엽이 질 때 차폐용으로서 양호한 식재상황인지에 대한 검토가 필요하다. 차폐 목적, 유지관리적인 측면에서 볼 때 상록 식물이 좋을 것이다.
③ 설치장소의 바람, 기상 등이 식재에 미치는 영향에 따른 식재계획도 필요하다.
④ 식물이 생육할 때 설치한 장소에 미치는 영향을 검토한 식재계획도 필요하다.

수경 · 의장성에 대해서

차폐용 벽면녹화 설치장소의 경관 · 수경 · 의장을 고려할 경우에는 경관에 맞는 것을

검토하여 설치한다.

유지관리에 대해서

차폐용 벽면녹화의 유지관리를 실시할 경우, 유지관리를 할 수 있는 장소인지, 또한 유지관리방법의 검토가 필요하다. 설치할 장소 · 규모 · 유지관리방법에 따라서 유지관리용 비계 등이 필요하게 된다.

▲ 사진 1 전시회의 벽면녹화
(자립벽을 가설물로 설치하고, 녹화를 실시한 예)

▲ 사진 2 주차장에 설치된 벽면녹화 (구조체를 녹화한 예)

▲ 사진 3 건설현장의 가설 울타리 벽면녹화
(자립벽의 기초는 스틸 말뚝)

▲ 사진 4 행사장 무대의 벽면녹화 (자립벽은 무거운 것으로 고정)

Q&A 38. 벽면녹화 비용은 어느 정도 드는가. 저비용 · 저관리 벽면녹화 방법은?

A 노지에 심은 상록 덩굴식물에 의한 벽면녹화가 저비용 · 저관리

설치장소, 자재에 따라 다른 비용

벽면녹화의 비용은 녹화방법과 벽면녹화의 설치장소, 보조자재나 자동관수 호스의 사용 유무 등에 따라서 다르다.

벽면녹화 유형	내용 · 비용 예
노지에 식재한 등반 또는 하수형 녹화의 경우	• 주된 재료비로는 객토와 녹화식물, 유인자재만이면 된다. 또한 자동관수 등도 필요하지 않으며, 식재품도 거의 들지 않아 저가. 한정된 덩굴식물만을 사용할 수 있다.
	• 유지관리는 용이
노지에 식재하고 보조자재를 사용한 유형의 녹화의 경우	• 노지에 식재한 등반 또는 하수형 녹화비용에 보조자재의 비용이 필요. 다양한 덩굴식물에 의한 녹화가 가능
	• 유지관리는 용이
컨테이너를 이용한 등반 또는 하수형 녹화의 경우	• 녹화식물과 유인자재에 컨테이너를 설치하여 자동관수설비 설치가 필요. 컨테이너와 식재기반, 자동관수설비, 설치비용, 양생비 등이 든다. 약간 고가
	• 유지관리는 보통. 수도세, 관수설비 점검이 필요
인공지반에 보조자재를 사용한 유형의 녹화의 경우	• 녹화식물과 유인자재에 식재기반의 조성, 자동관수설비 설치가 필요. 식재기반의 조성비용, 보조자재, 자동관수설비, 설치비용, 양생비 등이 든다. 약간 고가
	• 유지관리는 보통. 수도세, 관수설비 점검이 필요
식재기반 일체형 녹화의 경우	• 녹화식물과 식재기반 비용, 자동관수설비가 필요. 기반 지지재 및 설치비용이 든다. 고가
	• 유지관리는 보통. 수도세, 관수설비 점검이 필요

▲ 표 1 벽면녹화 유형과 녹화비용의 비교표 예

저비용 · 저관리 벽면녹화

재료비나 시공비, 관수나 식물의 생육 등을 고려하면 녹화면을 전면 녹화하기 위해서는 시간이 걸리지만, 노지에 식재하는 등반 또는 하수형의 녹화가 저비용 · 저관리, 즉 1~2만엔/㎡으로 가능한 경우도 있다. 특히 아이비류나 마삭줄, 캐롤라이나 자스민, 멀꿀 등의 상록 덩굴식물은 낙엽에 대한 문제도 적고 견고하여 유지관리가 용이하다.

공법	하수 보조자재 사용 유형	등반 패널 사용 유형	녹화 파레트 사용 유형	녹화 컨테이너 사용 유형
특징	스테인리스 격자 보조자재를 벽면에 설치하고, 지상부와 옥상에 녹화 컨테이너를 배치하여 등반식물 및 하수식물로 녹화. 컨테이너에 자동관수설비 설치. 녹화에 시간이 걸린다.	등반 및 하수용 보조 야자섬유매트와 철망 일체의 등반 패널을 벽면에 설치하고, 지상부와 옥상에 녹화 컨테이너를 배치하여 등반식물 및 하수식물로 녹화. 자동관수설비 설치	식재기반 일체의 파레트를 벽면에 설치하고, 덩굴식물과 초화류 등으로 녹화. 식재기반 설치형. 자동관수에 의한 시비와 관수. 자동관수설비 설치. 약간 무거움. 조기 녹화가 가능	빗물의 저류와 식재기반의 안정을 고려한 계단형의 컨테이너를 벽면에 설치하고, 건조에 강한 식물로 녹화. 최소한의 자동관수에 의한 시비와 관수. 자동관수설비 설치. 조기 녹화가 가능
비용 예	2~4만엔/㎡ +컨네이너 사용	4~6만엔/㎡ +컨네이너 사용	8~12만엔/㎡	8~12만엔/㎡

▲ 표 2 벽면녹화공법의 설계비용 비교표 예(인공지반의 경우)

▲ 사진 1 노지 식재로 펜스를 녹화

▲ 사진 2 노지 식재에 의한 덩굴식물의 녹화

▲ 사진 3 보조 없는 등반형 녹화(담쟁이덩굴)

▲ 사진 4 자동급수장치를 부착한 녹화(컨테이너를 사용)

4장

벽면녹화의 시공

벽면녹화를 시공할 때의 유의점은?

와이어 메시 보조자재를 이용하는 시공방법은?

철망 · 야자섬유매트 병용 보조자재를 이용하는 방법은?

기반조성형의 시공방법은?

에스페리아의 시공방법은?

Q&A 39. 벽면녹화를 시공할 때의 유의점은?

A 이하와 같이 시공의 각 단계에서 유의할 점이 있으나 특히 토양과 식재시기에 유의한다.

자재 설치 시

신축 벽면에서는 건물 외벽 시공 시에 이용된 비계가 철거되기 전에 녹화자재의 설치가 실시되도록 사전에 협의한다. 비계 철거 후에는 기존 벽면녹화의 시공과 마찬가지로 고소작업차 등이 필요하며, 경우에 따라서는 다시 비계를 설치하게 된다. 벽면에 보조자재 등을 설치하는 경우, 설치는 앵커로 실시하는 경우가 많으며, 사용할 앵커와 벽면소재와의 적합성을 확인함과 동시에 앵커 설치 시에 발생하기 쉬운 부적합 등에도 유의할 필요가 있다. 부적절한 앵커의 사용은 충분한 강도를 확보할 수 없어 벽면으로부터의 박리와 같은 사고를 일으키게 된다.

식재기반 시공 시

인공지반 등에서 식재기반을 제작하여 식재할 경우, 식재기반에 이용할 토양의 양 및 질에는 충분한 주의를 기울일 필요가 있다. 특히 토량이 부족하면 식재 후 여러 해가 지나더라도 피복되지 않는 벽면이 되어 버린다거나, 벽면녹화의 지속성을 확보할 수 없게 된다(토양의 양과 질은 Q.23 참조). 식재기반의 시공에 있어서는 다음과 같은 사항에 유의하도록 한다. 즉 경량토양은 건조되면 바람에 의해 쉽게 비산하기 때문에 토양 포설 전 또는 포설 시의 살수, 포설 후의 시트양생 등을 적절히 실시하여 비산 방지에 힘을 쏟는 것이 중요하다.

식재 시

기반조성형 벽면녹화는 현지에서 식재하는 경우가 적고, 사전에 야외에서 양생한 것을 기반과 함께 반입하면 되지만 등반형이나 하수형은 현지 식재가 되기 때문에 다음과 같은 점에 유의할 필요가 있다.

【식재시기】 식물에 있어서 식재시기는 매우 중요하며, 특히 환경압이 강한 벽면이나 벽면 주변에서의 부적기 식재는 심각한 생육불량이나 고사 등의 커다란 피해가 발생한다. 식재적기는 도쿄를 기준으로 한 경우, 낙엽 덩굴식물은 3~4월, 상록성 덩굴식물은 3~5월 및 9월이 된다. 또한, 엄동설한인 1~2월과 장마가 끝나기 직전부터 8월의 식재는 최

대한 피한다. 그러나 어쩔 수 없이 부적기에 식재를 해야 하는 경우에는 한랭사 등에 의한 보호양생 등을 검토하도록 한다.

【묘의 순화】 키가 큰 포장 육성묘를 이용하는 경우 온실 등의 최적 환경에서 생육되었기 때문에 갑자기 환경압이 강한 벽면에 도입되면 생육장해를 일으키거나 고사하게 된다. 이를 피하기 위해 생산자에게 의뢰하여 사전에 예상되는 환경압에 유사한 조건으로 묘를 생육 · 순화시키면 될 것이다. 특히 동절기 식재에서는 순화가 덜된 묘를 이용하면 덩굴이 말라버려 애써 크게 재배한 묘가 쓸모없어지는 경우가 있으므로 주의해야 한다.

【포트 묘의 품질】 포트 묘는 포트에 충분히 뿌리를 내리고 있으며, 또한 포트 내에 뿌리가 말려 있지 않은 것을 선택하면 될 것이다. 포트 아래 구멍으로부터 많은 뿌리가 나와 있는 노후묘나 뿌리가 돌돌 말려있는 묘는 식재 후 생육이 현저히 늦어지게 된다. 부득이하게 이용할 때에는 돌돌 말린 뿌리를 잘 풀어서 식재하도록 한다.

【고형비료와 관수】 식재 시에는 완효성(緩効性) 고형비료를 묘 주위에 넣고 충분한 관수를 실시하며, 인공지반이라면 배수구멍에서 물이 나올 때까지 관수를 실시하도록 한다. 한편 관수 초기에는 토양에 따라 탁한 물이 나올 경우도 있기 때문에 양생에는 충분히 유의하도록 한다.

【멀칭】 식재 후의 잡초 방지, 건조 방지, 토양의 비산 방지 등의 목적으로 시트형의 멀칭이나 바크 멀칭 등을 시공하면 나중에 관리가 용이하다.

【유인 · 결속】 덩굴식물은 초기에 유인하지 않으면 덩굴이 벽면에 부착되지 않아 피복이 늦어지는 경우가 많아진다. 따라서 덩굴을 끈 등의 결속대(부식성)로 보조자재에 고정한다. 이때 덩굴이 생장하여 두꺼워지더라도 결속대가 생장을 저해하지 않도록 느슨하게 고정한다. 결속대는 마대끈이나 종려나무줄도 상관없지만 유인용 점착테이프나 종이로 만든 타이 등이 적절하게 자르기 쉬워 좋을 것이다. 덩굴이 짧아 보조자재로 유인할 수

유의항목	유의내용
앵커의 적합성	앵커의 종류가 벽면소재와 맞는지
토양의 양과 질	녹화 벽면의 면적에 대해서 토양의 양이 적정한지, 질은 문제가 없는지
식재시기	적기에 식재할 수 있는지(불가능한 경우에는 한랭사 등의 양생을 검토)
묘의 순화	온실 육성 묘를 급하게 불량한 환경에서 식재하고 있지 않은지(사전 양생이 필요)
포트 묘의 품질	포트 안에서 뿌리가 돌돌 말린 묘는 사용하지 않을 것
고형비료	1~2년 정도 비효가 있는 완효성 고형비료를 사용한다
철저한 관수	식재 시에는 토양 전체에 수분이 돌도록 충분한 관수를 실시한다
멀칭	무성한 잡초와 건조를 방지하기 위해 멀칭을 가능한 한 실시한다
유인 · 결속	덩굴식물의 덩굴은 보조자재로 반드시 결속한다

▲ 표 벽면녹화 시공의 유의점

없는 경우에는 보조자재까지 원예용 수지피복강관 등을 사용하여 결속하고 유인하면 될 것이다. 하수형인 경우에는 식재틀이나 벽면의 정상 구석부분에서 덩굴식물이 바람에 흔들려 부러지지 않도록 구석부분을 야자껍질이나 화학섬유매트 등으로 양생함과 동시에 덩굴을 고정할 필요도 있다.

Q&A 40. 벽면녹화의 시공순서(1)－와이어 메시 보조자재를 이용하는 시공방법은?

A 계획치수로 만들어진 와이어 메시를 설치 금속으로 고정/연결한다. 앵커볼트 설치위치를 정하는 먹매김이 중요.

와이어 메시 보조자재를 이용한 벽면녹화 시공순서

와이어 메시 보조자재를 건축물이나 토목구조물 · 독립벽면 등(이하, 벽면이라 함)에 설치할 경우의 시공순서와 시공방법에 대해서 간단하게 [표]로 만들었다. 시공은 시공 전(사전조사 · 준비공)과 본공사(가설공 · 본시공 · 후정리공)로 크게 나뉘는데 식재공사 등 부대공사에 대해서는 포함되어 있지 않다.

본시공에 있어서의 와이어 메시 설치방법

① 위치결정(먹매김)

위치결정은 벽면의 청소 · 현장양생공이 완료된 후 실시하는 공사로 앵커볼트의 설치 장소 및 와이어 메시의 기울기 · 전체적인 균형 등을 결정하는 중요한 작업이다. 이 작업

시공 전	사전조사	① 주변환경조사(근린 특히 병원 · 연못 · 강 등의 상황)
		② 교통관계조사(현장의 교통량 · 폭 · 통학로 · 규제 등)
		③ 기상관계조사(기온 · 바람[태풍 · 돌풍 · 방향] · 눈 · 강우량 등)
		④ 보호관리조사(관리시기 · 횟수 · 비용 등)
	준비공	① 설계도면과 현장상황의 확인
		② 시공계획 · 자재 반입 반출계획의 작성
		③ 주변에 대한 사전 설명회
		④ 시공계획 · 자재 반입 반출계획의 수정
본공사	가설공	① 벽면의 청소와 현장양생공(세정수나 분진 등)
		② 가설 비계의 설치 또는 고소작업차의 설치
		③ 기계 · 자재 등의 반입
	본시공	① 위치결정(먹매김)
		② 앵커볼트 구멍 뚫기
		③ 앵커볼트 설치공
		④ 와이어 메시 설치공
	후정리공	① 기계 · 남은 자재 등의 반출
		② 벽면 및 와이어 메시 등의 청소
		③ 사용한 통로 등의 청소와 보수, 확인, 공사 완료

▲표 와이어 메시 보조자재를 이용한 벽면녹화 시공순서

*식재공사 등 부대공사는 포함되지 않음

은 레벨 등의 측량기계를 사용하여 쉽게 보이는 피아노줄 등으로 길을 내어 원거리에서 균형을 고려하여 결정하면 위화감 없이 설치할 수 있다.

② 앵커볼트 구멍 뚫기

앵커볼트 구멍 뚫기는 전기드릴(100V 또는 200V)로 구멍을 뚫는 것이 일반적이며, 벽면에 따라 드릴 날의 종류나 길이 및 굵기를 달리하여 사용한다. 벽면이 철근콘크리트판인 경우에는 구멍 깊이가 30~70mm 정도인 경우가 많아 균일한 규정 길이가 되기 어렵기 때문에 드릴 날에 표시를 하여 구멍을 뚫으면 규정 깊이를 확인하기 쉬울 것이다. 또한 벽면이 경량기포콘크리트판이나 중공벽 등인 경우에는 벽면이 부드러워 구멍 깊이가 깊어지기 때문에 힘을 가하기 쉬우므로 뒷면을 무너뜨려버릴 염려가 있기 때문에 충분한 주의를 기울일 필요가 있다.

③ 앵커볼트 설치공

앵커볼트는 수나사용과 암나사용이 있으므로 와어어 메시 설치 금속에 따라 달리 사용한다. 또한 벽면이 슬레이트나 경량블록 등인 경우에는 스크루식 볼트를 사용할 수도 있다. 벽면에 구멍을 뚫음으로써 물이 침투하기 쉬워지기 때문에 구멍을 뚫은 자리에는 고무패킹이나 코킹 등을 시공할 필요가 있다.

④ 와어어 메시 설치공

앵커볼트 설치 후, 와이어 메시를 설치 금속으로 고정한다. 고정할 때에는 와어어 메시의 각도나 앞뒤 등을 틀리지 않도록 설치한다.

▲사진 와아어 메시 설치 완료 후의 모습

Q&A 41. 벽면녹화의 시공순서(2)-철망 · 야자섬유매트 병용 보조자재를 이용하는 방법은?

A '벽면에 대한 자재 설치' → '식재기반의 정비' → '이식 · 관수'의 흐름이 기본

공사 전 준비

고소작업에 있어서는 가설 비계나 고소작업차가 필요하다[사진1]. 구체 본체공사에서 사용한 비계 등을 사용할 수 있으면 공기단축이나 비용 절감으로 연결된다. 또한 보조자재를 설치하는 측면에서 모서리(변화점)나 끝부분의 마무리를 고려하여 시공도면을 작성해 두면 재료의 손실을 최소한으로 줄일 수 있어 깨끗한 마감을 할 수 있다.

보조자재 반입 후에는 야자섬유매트가 물에 젖으면 휘어 시공 정밀도가 저하되기 때문에 비에 젖는다거나 물이 고인 장소에 보관하지 않도록 주의를 기울이도록 한다.

식물재료는 식재공사 직전에 반입하도록 하며, 현장에서의 보관은 가능한 한 피하도록 한다.

철망 · 야자섬유매트 병용 보조자재의 설치

보조자재를 설치할 면에 대해서 사전에 위치 결정(먹매김)을 하면 철망 간격이 가지런해져 깨끗하게 마무리된다. 또한 창이나 환기구 주위에 덩굴의 신장 방향을 제어하는 자재를 사용할 경우에는 보조자재보다 먼저 설치해 둔다.

보조자재의 설치방법은 벽면 소재에 따라 다르지만, 보조자재를 벽에 대고 그 위에서

공사 전 준비	① 설계도면과 현장 상황의 확인, 구체 본체공사와의 조정
	② 시공계획 · 자재 반입계획 책정
본공사	① 가설 비계 또는 고소작업차 설치
	② 위치결정(먹매김)
	③ 벽면에 보조자재 설치
	④ 가설 비계 또는 고소작업차 철거
	⑤ 식재기반 정비(플랜터의 설치, 흙갈이, 토양개량 등)
	⑥ 덩굴식물 이식 및 보조자재에 유인결속, 시비, 철저한 관수
	⑦ 멀칭 부설(잡초 방지, 건조 방지, 토양의 비산 방지가 목적)
	⑧ 자동관수 설치(인공지반 등의 경우)

▲표 철망 · 야자섬유매트 병용 보조자재를 이용한 벽면녹화 시공순서

드릴로 벽면에 구멍을 내어 앵커를 설치하고 고정하는 방법이 가장 많이 사용되고 있다[사진2]. 고정 금속의 설치장소에는 필요에 따라 코킹재나 패킹 등으로 방수처리를 한다.

보조자재인 야자섬유매트는 건습에 의해 신축 · 팽창을 반복하는 소재이다. 따라서 서로 이웃하는 매트는 겹쳐서 마감한다. 매트를 맞대어 설치하면 매트가 줄어들었을 때 빈틈이 생겨 구체 벽면이 보이게 되어 완성도 있는 마감을 할 수 없다[사진3]. 또한 덩굴식물이 보조자재 안쪽으로 들어가지 않도록 식물이 등반하는 방향을 고려하여 대응하도록 한다.

덩굴식물의 이식

덩굴식물을 이식할 때에는 철망과 매트 사이에 덩굴을 감아 보조자재로 결속해 두면 보다 확실하게 조기에 등반시킬 수 있다[사진4]. 결속재로는 부식하는 소재를 사용하며, 향후 덩굴이 굵어지는 것을 고려하여 느슨하게 결속하도록 한다. 또한 덩굴식물 이식 후에 보조자재를 설치하는 경우에는 덩굴식물을 밟아 손상시키는 일이 없도록 주의할 필요가 있다.

▲ 사진 1 보조자재의 설치 작업(작업공간이 넓은 고소작업차를 사용)

▲ 사진 2 보조자재의 설치 작업(벽에 구멍을 내어 앵커로 고정)

▲ 사진 3 매트를 겹쳐 시공하지 않으면 빈틈이 생겨 벽면이 보이게 된다

▲ 사진 4 길게 자란 덩굴식물을 식재(철망과 매트 사이로 덩굴을 유인)

Q&A 42. 벽면녹화의 시공순서(3) - 기반조성형의 시공방법은?

A 기반인 구체에 대한 설치나 마감을 고려하면서 고소작업에 있어서도 효과적인 순서를 항상 명심한다.

사전 준비가 특히 중요

기반조성형 시공법에서는 공사 전 준비가 특히 중요하다. 지탱하는 구체 등에 대한 설치방법, 구조 검토, 식재기반(패널이나 플랜터)의 설치방법 등에 주의가 필요하다. 사전에 가설 조립 조정도 필요하다. 또한 공사 완료 시에 식재가 완성에 가까운 상태를 요구하는 경우도 많기 때문에 적정 식물의 생산이나 조달 · 이식 · 육성관리 양생이 필요하며, 수직으로 설치하기 때문에 수직이나 경사지게 양생을 한다. 따라서 공사 전에 충분한 준비기간을 확보하는 것이 필요하다.

앵커와 지탱자재의 설치

신규 구조물로, 사전에 기본 모듈이나 연결방법이 결정되어 있어 구체공사에서 준비되어 있는 경우에는 괜찮지만[그림], 나중에 앵커를 설치하는 경우에는 구멍을 뚫는 위치가 철근에 닿는 경우가 있기 때문에 철근 위치의 검토나 위치 조정이 필요하다. 지탱자재나 식재기반은 구체에서 떨어져 있으므로 관수로 인해 더럽혀지는 것을 고려할 필요도 있다.

공사 전 준비	① 설계도면과 현장상황의 확인, 설치 구조체에 대한 건축 · 토목과의 조정
	② 적정 식물의 조달, 기반구조물에 대한 이식 · 육성관리
	③ 지탱자재의 가설 조립, 설치시험
	④ 시공계획 · 자재 반입계획 책정
본 공 사	① 위치결정(기초 · 구체앵커)
	② 지탱자재의 기초공사
	③ 앵커 설치공사
	④ 지탱자재의 조립 설치공사
	⑤ 관수 잉여수의 배수처리공사
	⑥ 식재기반의 고소작업차 등에 의한 설치공사
	⑦ 관수설비공사
	⑧ 시운전 · 조정 · 청소 · 공사완료

▲ 표 지탱자재를 이용한 기반조성형 벽면녹화의 시공순서 예

식재기반의 설치와 용이한 교환성

식재기반은 플랜터형처럼 만약 식물생육이 불량하면 식물만을 간단하게 교환할 수 있는 경우에는 지장이 없지만, 패널이나 매트형 중에는 기반 자체를 교환하지 않으면 안 되는 경우도 있다. 따라서 분리가 용이한 구조이며, 적절한 강도를 지니고 연결할 수 있는 성능을 보유할 필요가 있다.

관수시스템의 주의점

관수시스템은 기본적으로 필요하다. 높이에 따라서는 저류조나 펌프에 의해 수량, 수압을 확보할 필요가 있다. 하부에 위치한 식재기반일수록 과습할 수 있으므로 높이에 따라 조절할 수 있는 시스템으로 할 필요가 있다. 식물종, 방위, 계절, 지역, 시스템 등에 따라 관수빈도와 수량은 달라지기 때문에 적정 조정이 중요하다. 시공 후 정기유지관리와 조정도 중요하다.

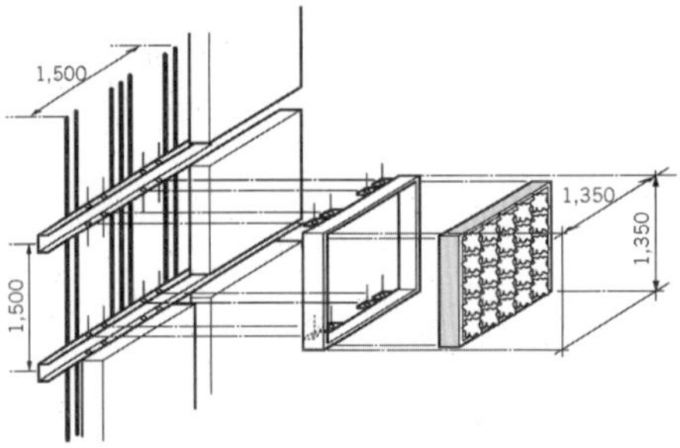

▲그림 기본 모듈의 예

▲사진 1 지탱자재의 설치

▲사진 2 고소작업차에 의한 패널 설치

▲사진 3 패널의 설치완료

〈참고문헌〉 バイオラング実行委員会監修『呼吸する緑の壁――バイオラング』(マルモ出版、2005)

Q&A 43. 벽면녹화의 시공순서(4) – 에스페리아의 시공방법은?

A 기본적으로는 중심이 되는 줄기를 만들고 가로 줄기를 수평으로 늘려 보조자재로 유인하여 양성한다.

보조자재를 사용하여 전체적인 마감

에스페리아 벽면녹화의 시공 · 관리순서를 [표1]에, 사용하는 식물을 [표2]에 나타내었다.

수목만이 아니라 보조자재와의 조합으로 작품이 완성되기 때문에 보조자재를 사용하여 전체적인 경관의 마감이 중요하다. 보조자재는 메시 철망, 트렐리스, 팬스 등이 사용된다. 일례로서 [그림]은 아이치(愛知) 세계박람회 바이오렁에서 에스페리아에 사용된 보조자재이다.

식재기반

에스페리아에는 주로 유실수가 많이 사용되기 때문에 배양토와 관수, 시비가 재배에 있어서 중요한 관건이 된다. 배양토의 일례로는 아카다마(赤玉) : 펄라이트 : 피트모스를 4 : 3 : 3의 비율로 혼합한 것을 들 수 있다.

다만, 블루베리 등은 산성토양을 좋아하기 때문에 피트모스를 주로 한 배양토가 적합하다. 따라서 수목에 따라 배양토의 산도 조절이 필요하다.

▲ 사진 1 롱우드 가든의 에스페리아(미국)

▲ 사진 2 롱우드 가든의 에스페리아(근경)

공사 전 준비	① 설계도면과 현장상황의 확인, 건축과의 조정
	② 시공계획 · 자재 반입계획 책정
	③ 사용 수목의 선정과 재배준비
	④ 유인보조자재의 선정
시공순서	① 장래의 마감 이미지
	② 위치결정
	③ 배수층 · 토목 등의 식재기반 조성
	④ 유인보조자재의 설치
	⑤ 이식
	⑥ 가지의 유인 · 양성
	⑦ 관수설비공사
재배관리	① 이식시기 고목 · 저목류 수목은 봄 · 장마철에 생장하며, 덩굴식물은 4~9월까지 생장하기 때문에 3월까지 이식을 마치는 계획재배를 하는 것이 바람직하다.
	② 관수 물빠짐이 좋은 배양토를 사용하여 적극적으로 관수. 기본적으로는 배양토가 건조한 상태에서 관수하는 것이 뿌리가 뻗어 잘 생장한다. 지나치게 건조하면 싹이 손상되어 생장이 멈추기 때문에 주의할 필요가 있다.
	③ 병충해 방제 병충해 발생의 유무에 상관없이 4~9월까지는 정기적(월 2회)으로 약제 살포로 방제. 특히 새싹이 필 때 · 장마철 · 하절기는 주의한다.
	④ 시비 생장을 촉진하기 위해 완효성 비료를 밑거름으로 사용한다(180~360일 정도인 것이 좋다). 1월에 한비(寒肥), 6 · 9월에 웃거름을 시용한다.
	⑤ 기타 비닐하우스에서의 재배는 장마철이 끝난 후에 한랭사(차광률 50~60%)를 지붕에 설치하여 하우스 안의 온도가 올라가지 않도록 관리. 10월에 들어서면서부터 한랭사를 걷어낸다.

▲ 표 1 에스페리아 벽면녹화의 시공 · 관리순서

▲ 사진 3 웨스트 딘가든(영국)

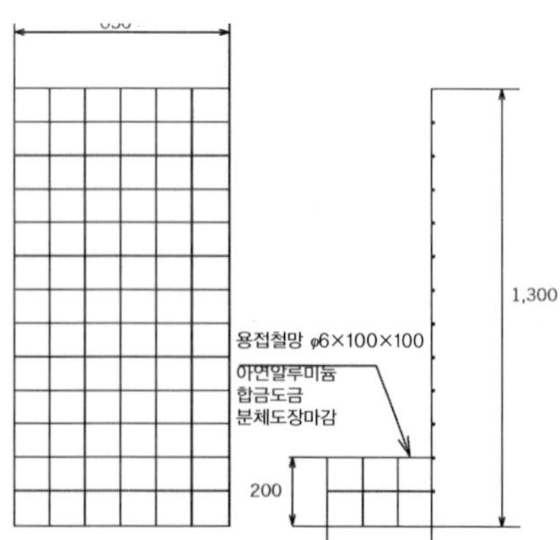

▲ 그림 바이오렁에서 사용된 보조자재

과수류	사과 · 꽃사과 · 배 · 무화과나무 · 복숭아나무 · 살구 · 금귤 등의 감귤류 · 올리브 · 체리 · 포도 · 블루베리 · 라즈베리 · 블랙베리 등의 나무딸기류 · 보리수나무류
화목류	별목련 · 산딸나무 · 태산목 · 등나무 · 동백나무류 · 피라칸타 · 박태기나무 · 무궁화 · 공덜꿩나무 · 산당화 · 꽝꽝나무 등
덩굴식물	장미 · 멀꿀 · 남오미자 · 담쟁이덩굴 · 으름덩굴 등

▲ 표2 사용하는 식물

5장

벽면녹화의 유지관리

벽면녹화의 유지관리방법은?

벽면녹화용 식물의 유지관리방법은?

비료에는 어떠한 종류가 있는가? 시비방법은?

발생하기 쉬운 병충해와 대책은?

Q&A 44. 벽면녹화의 유지관리방법은?

일상적인 관리를 통해 생육이 불량한 식물을 조기에 발견하여 대처하는 것이 필요.

관수관리의 필요성

벽면녹화용 식물을 노지에 심은(비가 닿는 집밖의 자연지반에 직접 식재하는 것) 경우, 이상 일조가 계속되지 않는 한 관수는 특별히 필요없다. 한편 인공지반에 식재기반을 조성한 경우에는 토량이 적은 점이나 식물의 생장과 함께 식물로부터의 증산량이 증가하기 때문에 상수도 등에 의한 관수가 필요하다. 특히 토량이 적은 기반조성형 벽면녹화의 경우 강우만으로는 거의 고사하는 경우도 있다 **[사진1~2]**. 일반적인 관수관리방법은 타이머가 부착된 자동관수장치로 실시하고 있다. 이 경우, 관수간격이나 관수시간의 설정은 식물의 생장과 계절에 따라 변경할 필요가 있다. 또한 토양의 건조, 습해를 미연에 방지하기 위해 토양수분계 등을 이용하는 경우도 있다. 이들 관수설비는 가동상황을 정기적으로 점검할 필요가 있다. 더불어 인공지반에서는 루프드레인(roof drain)의 청소·점검을 실시하여 배수불량을 일으키지 않도록 유의할 필요도 있다.

식물의 유지관리

식물의 유지관리 사항으로는 ① **정지·전정·유인**, ② **시비**, ③ **제초**, ④ **병충해대책**, ⑤ **고사 시의 보식(補植)**이 있다.

덩굴식물의 경우에는 덩굴을 벽면이나 보조자재로 유인·결속하거나 전정 등을 하여 등반이나 하수 시의 생장을 촉진할 필요가 있다. 덩굴을 결속할 때에는 줄기가 굵어지는 속도가 빠른 수종은 결속대가 줄기를 파고 들어가서 생장을 저해하지 않도록 유의한다 **[사진3]**. 벽면 전체가 피복된 후에는 과도하게 자란 덩굴을 연 1~2회 정지·전정한다. 식물에 따라서는 하부의 지엽이 말라죽어 녹피율이 저하되는 경우가 있다. 심하게 말라죽은 경우에는 근원을 잘라버리고 덩굴을 갱신한다 **[사진4]**.

시비는 보비력이 있는 토양에 완효성 고형비료를 충분히 주게 되면 2년 정도는 필요가 없을 것이다. 엽색이 흐리고 생장이 불량하면, 적절한 고형비료를 추가적으로 주는 것을 검토한다. 토량이 비교적 적은 인공지반의 식재에서는 돌돌 말린 뿌리(루핑)가 발생하기 쉽다. 돌돌 말린 뿌리가 발생한 경우에는 동절기에 뿌리를 자르거나 시비를 실시하는 것이 좋을 것이다.

잡초 종자가 혼입되지 않은 객토나 토양 표면에 멀칭재를 시공하더라도 묘 토양에서 잡초가 발생한다. 잡초는 생장하면 제초가 쉽지 않으므로 생장 전에 부지런히 제초한다. 또한 무성한 잡초는 양분이나 수분을 빼앗아 식물의 생장을 저해하기 때문에 주의해야 한다.

덩굴식물은 병충해에 강한 것이 많아 건전하게 생장하고 있다면 문제가 되지 않는다. 병충해가 발생한 경우에는 약제 살포 등으로 대처하게 된다. 수종에 따라서는 시기적으로 자연 소멸하는 해충도 있으므로, 그대로 방치해도 지장이 없는 경우도 있다. 대표적인 병해로는 흰가루병, 녹병 등이 있으며, 충해로는 진디, 깍지진디 등이 있다.

▲ 사진 1 대부분의 시스템이 고사한 도로 벽면녹화 사례

▲ 사진 2 고사한 도로 벽면녹화 사례(근경)

▲ 사진 3 결속대가 파고들어간 상태(능소화)

▲ 사진 4 벽면 하부가 말라죽은 상태(인동덩굴)

Q 45. 벽면녹화용 식물의 유지관리방법은?

& A 덩굴식물은 유인 · 전정 · 관수관리가 특히 중요.

식재 초기 관리

식재 초기 관리는 덩굴식물의 활착 및 대상물에 대한 부착에 크게 영향을 미치기 때문에 적절한 유인을 실시할 필요가 있다. 감는 덩굴형, 감는 잎자루형 식물 및 기대기형 식물은 유인하여 보조자재에 묶는 결속자재가 지나치게 견고하면 줄기가 비대해졌을 때 줄기 속으로 파고 들어가 나중에 이로 인해 부러져 버리는 예를 볼 수 있기 때문에 정기적으로 점검하여 그러한 징후가 보이는 경우에는 결속을 고쳐야 한다.

보조자재가 메시인 경우, 엮듯이 유인하면 결속자재를 사용하지 않아도 된다. 또한 감기형 식물은 스스로가 휘감겨 등반하기 때문에 초기 유인 이외에는 불필요하므로 일정기간이 지나면 분해, 소실되는 결속자재가 적당하다. 견고한 자재를 사용하여 결속한 경우, 휘감긴 후에는 결속재를 철거할 필요가 있다. 아이비 등을 등반보조자재에 휘감기도록 하는 경우 적절하게 유인하지 않으면 스스로 등반하지 않고 건축 구체에 직접 등반하거나 수평으로 자라므로 주의할 필요가 있다 **[사진1]**.

유인 · 전정

간접 등반형 식물은 덩굴이 하수하게 되면 쉬 꽃을 피우며, 짧은 가지가 나오면서 선단에 꽃이 핀다. 유인 시에는 벽면의 상부까지 유인하여 결속한 부분에서 아래를 향하여 뻗도록 한다.

대상 녹화공간 이외에 신장된 덩굴은 미관상 문제가 될 뿐만 아니라, 건축물이나 부속설비에 휘감겨 기기고장이나 사고의 원인이 되는 경우도 있으므로 불필요하게 자란 부분을 적당히 전정한다. 으아리류, 학자스민, 산딸나무류 등은 하나의 덩굴이 몇 해 안에 고사하고, 새로운 덩굴이 나오므로 고사된 덩굴의 제거가 필요하다.

덩굴의 비대가 빠른 등나무, 포도, 담쟁이덩굴 등은 벽면과 보조자재, 틀 등의 틈새로 덩굴이 파고 들어가 비대해짐에 따라 파손될 위험이 있으므로 그와 같은 조짐이 보일 경우에는 덩굴을 제거하도록 한다 **[사진2]**.

시비 · 병충해 방지

거대한 벽면을 녹화할 경우, 크고 넓은 가지와 잎을 유지하기 위해서는 충분한 양분의 공급이 반드시 필요하다. 특히 잎이 소형화되고, 엽색이 흐려지며, 신장량이 현저하게 감소하는 등의 증상이 나타나면 양분부족 증상이므로 비료를 시비할 필요가 있다.

병충해 발생이 확인되면 피해가 확대되기 전에 신속하게 대책을 강구할 필요가 있다. 벽면녹화의 경우 높이 위치한 벽면에는 쉽게 접근할 수 없기 때문에 전정, 방제 등의 방법을 택할 수 없는 경우가 많다. 살균제나 살충제를 사용할 경우에는 주변 상황을 고려하여 약제 선택과 살포방법을 결정한다. 또한 주기적으로 매년 발생하는 경우에는 예방 차원에서의 살포를 실시하도록 한다.

갱신 · 고사대책

생육이 왕성하여 덩굴의 신장량이 큰 식물은 식재 후 몇 해가 지나면 기부(基部)의 잎이 없어지고 아래 가지가 올라간 상태가 되는 경우가 있다. 녹화효과가 감소하는 경우에는 뿌리 주변의 덩굴을 잘라내고 새로운 가지로 갱신한다.

고사가 발생한 경우, 피복부의 결손을 유인 등에 의해 회복할 수 없는 경우에는 보식한다. 1년생 식물이나 숙근성 식물, 으아리류 등 동절기에 지상부가 마르는 식물은 미관상 문제가 발생하기 전에 마른 부분을 제거한다. 으아리류는 덩굴 하부에 이듬해 자랄 새싹이 나오기 때문에 새싹의 위치를 확인하여 상부를 제거하는 것이 중요하다.

식재기반과 관수관리

인공지반, 컨테이너, 벽면기반 등 식재기반의 규모가 한정된 경우에는 토양의 건조에 유의하여 적절한 관수를 실시할 필요가 있다. 벽면기반형 녹화에 있어서는 관수장치에 이상이 있을 때에 경보장치가 없는 경우, 기반의 두께가 얇은 것일수록 점검빈도를 높이도록 한다(시트형 녹화공법에서는 매일, 기타 공법에서도 최소 주 1회).

▲ 사진 1 보조자재에 등반하지 않고 구체에 등반한 아이비

▲ 사진 2 보조자재 틈새로 침입한 아이비 덩굴

Q&A 46. 비료에는 어떠한 종류가 있는가? 시비방법은?

A 식재 시에 2년 이상 효과가 있는 완효성 비료를 충분한 양만큼 시용하고, 이후 생육을 살펴 적시에 웃거름을 실시한다.

비료의 종류

덩굴식물의 생장 피복을 전제로 한 벽면녹화에서는 옥상녹화와 달리, 충분히 양분을 공급하여 왕성한 생육을 유지시키는 것이 중요하다. 이 경우에는 장기간 비료의 효과가 유지되는 완효성 비료를 사용하는 것이 효과적이다 **[사진, 표1]**.

한편 기반조성형 벽면녹화에서는 제조업체별로 기반구조나 관수시스템 · 수종 등이 다르기 때문에 각 제조업체가 지정한 방법으로 시비를 실시한다. 기반조성형에서는 벽면에 대한 부하를 줄이기 위해 약간 적은 듯한 비배(肥培) 관리를 요구하는 경우가 많지만, 행사 등에서는 개화된 꽃을 지속적으로 유지하기 위한 시비 등 목적에 따라서도 필요한 시비관리는 크게 달라진다. 일반적으로는 관리의 용이성 등을 고려하여 식재기반에 균일하게 살포되는 관수설비를 이용한 관비나 완효성 비료가 이용된다.

시비의 양과 시기

벽면녹화를 성공시키기 위해서는 초기부터 덩굴식물이 양호하게 생장하는 것이 중요하며, 이를 위해서는 충분한 양의 밑거름 시용이 반드시 필요하다. 이후에는 벽면의 덩굴 피복상태나 생육상태를 확인한 후, 적시에 웃거름으로 보충한다. 완효성 비료의 경우, 밑거름은 식혈 바닥에 토양을 깔고 충분한 양을 시비하며, 이후 웃거름은 구멍을 파고 시비하는 등의 방법을 취한다 **[그림]**.

다만 완효성 비료라도 전면 피복이 달성되면 시비는 약간 줄일 필요가 있으며, 잎이 소형화되고 엽색이 흐려지면서 신장량이 현저하게 나빠지는 등의 양분부족 증상이 보이면 속효성 비료로 대응하는 등 상황에 따른 시비가 요구된다.

일반적으로는 비료의 지속성이나 식재기반의 상태, 덩굴식물의 생장 속도 등의 정보를 바탕으로 하여 밑거름에서 웃거름까지의 대략적인 예정안을 처음부터 계획에 넣어두면 관리를 순조롭게 추진할 수 있다 **[표2]**. 이러한 조치 이후에 식물의 상태를 보면서 적당히 그에 맞추어 시비를 실시해 가는 것이 최적일 것이다.

▲사진 완효성 비료의 예(좌 : 고형비료, 우 : 입상 코팅비료)

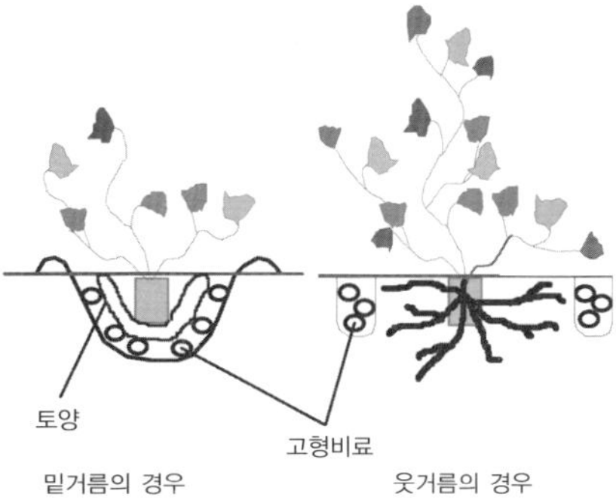

▲그림 시비법의 예

비료의 종류	대표적인 제품	특 징
보통화학비료	–	속효성 · 입상. 응급을 요하는 웃거름 시용 때 효과적
입상 · 고형비료(IB형)	woodace · body large	완효성, 주로 가수분해에 의해 유효화. 다양한 유형 가운데 입경이 클수록 비효가 길어진다.
고형비료(CDU형)	mountain king S	완효성, 주로 미생물 분해에 의해 유효화. 저온기의 양분 유실이 적다.
코팅비료	high control	완효성~초완효성, 입상 비료를 뒤덮은 막의 가는 구멍에서 서서히 용출. 초기의 용출을 억제하고자 할 때 유용.
유기질 비료	발효 계분 고형 유기	완효성, 비료성분으로서 뿐만 아니라, 토양의 이화학성 향상에 기여. 미량성분도 풍부.
액체비료	–	속효성, 시비의 제어가 용이. 관비에 이용(관수설비의 액비 혼입기로부터 주입).

▲표 1 벽면녹화에 사용되는 대표적인 비료의 종류

밑거름(식재 시)	1그루당 mountain king S[N:P:K:Mg=12:6:6:2] 75~150g 정도 시용
웃거름(2년차 봄)	1그루당 mountain king S를 75~150g 정도 시용
이후	생육에 따라 적시에 시비

*시비량은 생육상태 · 수종 · 대상면적 · 토양 조건 등에 따라 증감한다

▲표 2 시비 예(덩굴식물에 의한 벽면녹화 : 자연지반 식재의 경우)

Q&A 47. 발생하기 쉬운 병충해와 대책은?

A 표에 따르지만 발생률이 적은 종류의 이용과 사전예방에 힘쓴다.

덩굴식물의 병충해와 대책

덩굴식물에 의한 벽면녹화에서는 가능한 한 병충해 발생이 드문 종류를 선택하는 것이 관리상 중요하다. 일반적으로 휘커스 퓨밀라, 캐롤라이나 자스민, 마삭줄, 시계꽃 등은 병충해가 거의 발생하지 않는다. 비그노니아, 인동덩굴, 으름덩굴, 능소화나 사용빈도가 높은 아이비류도 그렇게 많은 편은 아니다. 그러나 환경이 악화되면 병충해가 발생하기 쉽기 때문에 다음과 같은 점에 주의가 필요하다.

① 건전한 식물재료를 사용하며, 비배관리는 질소과잉이나 정체수가 발생하지 않도록 한다.

② 공기가 정체된 듯 통풍이 불량하고, 답답한 환경을 만들지 않는다.

③ 흡즙성(吸汁性) 해충인 진드기, 진딧물, 깍지벌레 등을 제거하여 병충해 · 균을 전파하는 병 등을 방지한다.

④ 침투이행성 약제로 예방효과를 기대할 수 있는 오트란 등의 예방 살포로 병충해 발생을 미연에 방지한다.

병충해가 발생한 경우에는 조속히 적절한 약제 살포가 필요하다. 하지만 주의를 기울인다고 해도 아이비나 능소화 등에서 일정기간이 지나 굵어진 줄기는 천공성 해충인 하늘소의 유충 등에 의해 돌연 고사에 이르는 경우도 있다.

또한 **[표]**에는 지금까지 사용되어 온 약제를 나타내었으나, 농약법이 대폭 개정된 점을 포함해서 사용에 있어서는 농약의 종류, 사용량, 사용시기, 사용횟수 등이 적정하도록 유의할 필요가 있다. 독립행정법인 농약검사소의 웹사이트에 있는 '농약 등록정보 검색시스템' 등을 이용하여 관련 정보를 참조하도록 한다.

기반조성형 벽면녹화의 병충해와 방제

기반조성형의 경우에는 다양한 식물을 이용하기 때문에 일반 초화류, 지피, 저목류에 발생하는 병충해 발생이 예상된다. 회양목이나 미국회양목 등은 회양목명나방에 의해 순식간에 피해를 입은 사례도 있다. 아이치(愛知) 세계박람회 '바이오렁' 의 초화류에서는 깍지진디 예방과 대책, 아이비류에서는 자나방의 유충 예방, 세덤류에서는 깍지진디와 균류에 대한 예방 등이 실시되었다.

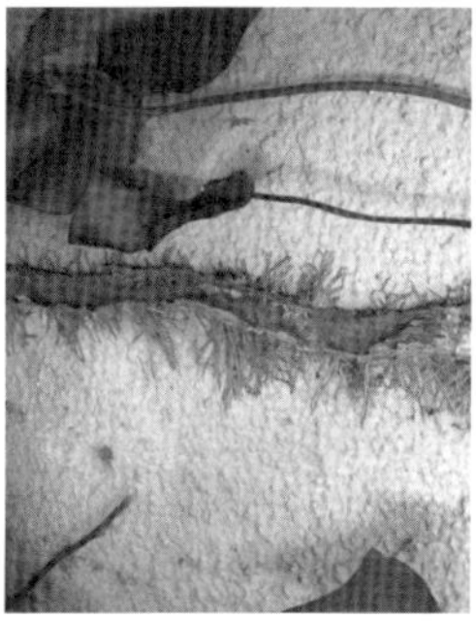

▲ 사진 1 하늘소 유충의 피해(아이비)

▲ 사진 2 하늘소 유충

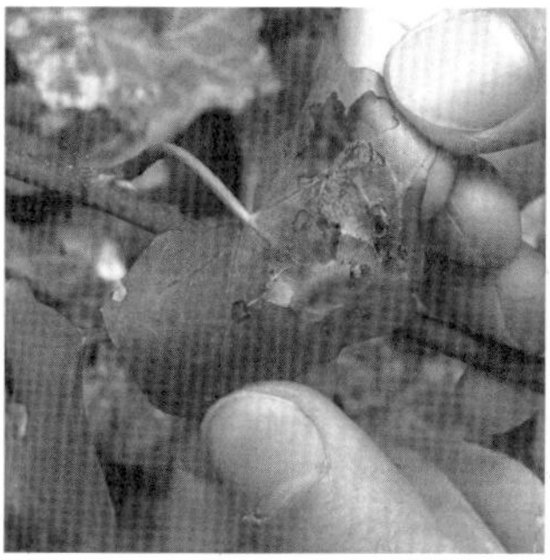

▲ 사진 3 차잎말이나방 유충과 피해

덩굴식물명	병해		충해	
	병명	방제법	해충명	방제법
으름덩굴	흰가루병	베노밀수화제	진딧물	오트란수화제
휘커스 퓨밀라	특별히 없음		특별히 없음	
캐롤라이나 자스미	특별히 없음		특별히 없음	
으아리	흰가루병	베노밀수화제	진딧물	오트란수화제
	적녹병	마네브제, 지네부제	진드기류	마라톤유제
			깍지벌레	머신유유제
			잎말이나방	데나폰유제
남오미자(實葛)	흰가루병	베노밀수화제	루비깍지벌레	머신유유제
	검댕병	흡즙성해충의 제거	남방차주머니나방	카르호스유제
인동덩굴	흰가루병	베노밀수화제	자나방	디프텔렉스
노박덩굴	특별히 없음		특별히 없음	
빙카	검댕병	흡즙성해충의 제거	잎말이나방	데나폰유제
			깍지벌레	머신유유제
줄사철나무	흰가루병	베노밀수화제	깍지벌레	머신유유제
	탄저병	다이센수화제	버드나무얼룩가지나방	디프텔렉스
			노랑털알락나방	디프텔렉스
			선녀벌레	카르호스유제
마삭줄	특별히 없음		특별히 없음	
시계꽃	특별히 없음		특별히 없음	
능소화	특별히 없음		깍지벌레	머신유유제
			하늘소	
담쟁이덩굴	녹병	마네브제, 지네브제	깍지벌레	머신유유제
	반점병	다이센수화제	줄박가시	카르호스유제
			풍뎅이	다이아지논
			뒷노랑얼룩나방의 유충	카르호스유제
비그노니아	흰가루병	베노밀수화제	붉은진드기	마라톤유제
남오미자(美男葛)	흰가루병	베노밀수화제	열점박이별잎벌레	카르호스유제
	검댕병	흡즙성해충의 제거	루비깍지벌레	머신유유제

덩굴식물명	병해		충해	
	병명	방제법	해충명	방제법
등나무	반점병	다이센수화제	풍뎅이류	다이아지논
	녹병	마네브제, 지네브제	깍지벌레	머신유유제
			매미나방	디프텔렉스
			진드기류	오트란수화제
아이비류	흰가루병	베노밀수화제	깍지벌레	머신유유제
	검댕병	흡즙성해충의 제거	진딧물	오트란수화제
	탄저병	다이센수화제	차잎말이벌레	카르호스유제
			자나방	트레폰유제
			하늘소의 유충	파인켐B유제
멀꿀	녹병	마네브제, 지네브제	깍지벌레	머신유유제

▲ 표 주요 덩굴식물의 대표적 병충해와 방제법(종래의 사용방법)

〈참고문헌〉 (社)道路緑化保全協会関東支部調査委員会編『実務者のためのツル植物による環境緑化の手引き』(1983)

6장

시공사례

선구적이면서 의장성이 높은 사례를 가르쳐 주세요?

모범이 되는 사례를 가르쳐 주세요?

건축벽면이 푹 뒤덮인 사례를 가르쳐 주세요?

희귀한 장소에 있는 사례를 가르쳐 주세요?

공장 등에서의 사례를 가르쳐 주세요?

환기탑 등의 구조물 사례를 가르쳐 주세요?

옹벽 · 교각 · 방음벽 · 호안 등의 구조물 사례를 가르쳐 주세요?

입체주차장에서의 사례를 가르쳐 주세요?

해외 사례를 가르쳐 주세요?

'바이오렁' 은?

덩굴식물 이외의 식물에 의한 사례를 가르쳐 주세요?

덩굴식물에 의한 사례를 가르쳐 주세요?

바이오렁을 위해 기획된 벽면녹화시스템은?

벽면녹화의 실증실험은 어떻게 실시되고 있는가?

Q&A 48. 벽면녹화 사례(1)-선구적이면서 의장성이 높은 사례를 가르쳐 주세요?

A **〈샬레 포트 아일랜드 빌딩〉은 벽면을 녹화대상으로 디자인한 최초의 건물이라고 할 수 있다.**

20년 이상 전에 세워진 선구적인 사례

〈샬레 포트 아일랜드 빌딩〉은 옥상녹화를 실시한 A동과 벽면녹화를 실시한 B동으로 이루어진 트윈빌딩이다 **[사진1]**. 건물 및 녹화의 개요는 **[표]**에 나타낸 바와 같이, 덩굴식물이 식재된 후 20년 이상이 경과하였다. 구체 표면에 설치된 강판패널은 벽면녹화용 보조자재로서 지나치게 중후하고 고가라는 인상도 받지만, 건물의 얼굴(의장)로서 도입된 것을 생각하면 전혀 문제될 것이 없다 **[사진2~3]**.

지상부의 식재기반은 인공지반 위에 만들어졌으며, 약 300~350L/m 정도(폭 약 70cm, 깊이 약 48cm)가 토량이다 **[사진4]**. 녹피율이 약간 낮은 듯이 느껴지지만 전체적으로 아름답게 녹화되어 있다. 창이 뒤덮여 있어 채광은 약간 불리하다고 생각되지만, 원형 틈으로 보이는 담쟁이덩굴의 잎이 신선한 경관을 연출하여 그러한 우려를 불식시켜주고 있다 **[사진5~6]**. 20년 이상 전에 이와 같은 의장성이 높은 벽면녹화 건물을 만들었다는 것은 특이할만한 가치가 있다.

건축개요	용도	오피스빌딩
	소재지	효고현 고베시(兵庫県神戸市)
	구조	철골철근콘크리트(일부 철골조), 지하1층 지상4층
	준공	1983년 9월
녹화개요	녹화목적	의장(수경)
	녹화면적	약 1,431㎡(옥상녹화 433㎡ 있음)
	식재시공	1983년 9월
	식재기반의 구성	토양은 마사토
	녹화방법	등반과 하수 쌍방에서 실시
	보조자재	두께 2.3mm의 내후성 강판을 벽면녹화 보조자재로 사용
	식물	담쟁이덩굴, 잉글리시 아이비, 셈퍼비렌스 인동덩굴
유지관리	관수방법과 빈도	자동관수방식(타이머 부착)
	청소 등의 빈도	낙엽 청소는 빈번하게 실시
	전정 빈도	–
	기타 관리	시비를 1회/년

▲ 표 1 샬레 포트 아일랜드 빌딩/건물 및 녹화의 개요

▲ 사진 1 샬레 포트 아일랜드

▲ 사진 2 벽면 근경

▲ 사진 3 벽면의 보조자재

▲ 사진 4 지상부 식재기반

▲ 사진 5 실내로부터의 경관

▲ 사진 6 원형 틈에서 바라본 신록의 잎

Q&A 49. 벽면녹화 사례(2)-모범이 되는 사례를 가르쳐 주세요?

A 〈야쿠르트 본사 빌딩〉은 지속성과 의장성 면에서 모범이 되고 있다.

기술 향상에 의한 건물 벽면녹화의 발전

요즈음에는 벽면녹화기술의 발전으로 다양한 사례를 볼 수 있게 되었다. 사용되는 식물의 종류는 덩굴식물뿐만 아니라, 저목이나 이끼 등 다양한 종류에 걸쳐 있으며, 방법도 벽면등반형, 하수형, 벽면 앞 식재형 등 다양한 기술이 개발되고 있다. 특히 건물 벽면녹화에는 지속성과 의장성이 필요하기 때문에 이들을 겸비한 녹화방법이 요구된다.

〈야쿠르트 본사 빌딩〉의 벽면은 1972년에 녹화되어 방수층 보수를 위해 재건축되기까지 29년간(2001년까지) 생육된 지속성과 중앙부 건물의 마감 유리면과 양옆의 건물 벽면녹화에 의한 의장성 모두를 겸비한 사례라고 할 수 있다.

지속성의 확보

현재의 〈야쿠르트 본사 빌딩〉 건물 벽면녹화는 2002년에 재조성된 것으로, 보조자재를 사용한 하수형 벽면녹화방법을 도입한 것이다 **[사진1~2]**. 식재는 5층 옥상에 알제리

건축개요	용도	오피스빌딩
	소재지	도쿄도 미나토구(東京都港区)
	구조	철골조, 지상6층 건물(저층동)
	준공	1972년(2002년 재건축)
녹화개요	녹화목적	의장(수경)
	녹화면적	폭 9.8m×길이 5m, 2개소
	식재시공	1972년
	식재기반의 구성	인공경량토양(폭 60cm×깊이 80cm)
	녹화방법	보조자재 사용 하수형
	보조자재	헤고 · 어망
	식물	알제리아 아이비
유지관리	관수방법과 빈도	자동점적관수방식 아침 저녁 2회/일
	청소 등의 빈도	제초 6회
	전정 빈도	무성할 때가지는 무전정/년
	기타 관리	시비 1회/년(매년 봄 · 화학비료와 유박(油粕, 깻묵)), 약제살포 6회/년

▲표 야쿠르트 본사 빌딩/건물 및 녹화의 개요

아 아이비(3그루/m 정도)를 식재하였으며 **[사진3~4]**, 바로 앞에는 옥상녹화도 되어 있다 **[사진5]**. 지속적인 식재에서 중요한 식재기반은 깊이 80cm, 폭 60cm로 지속성을 확보하는데 필요로 하는 토량 400~500L/m가 확보되어 있다. 의장적으로는 보조자재로 헤고를 사용하였고, 벽면 상부에서는 유인을 위해 어망을 사용하였다 **[사진6]**.

30년 전에 벽면을 녹화한 건물 벽면녹화의 선구적 존재이며, 녹피율도 높고 지속성도 바람직하다고 할 수 있는 사례이다.

▲사진 1 야쿠르트 본사 빌딩 전경

▲사진 2 보도에서 바라본 벽면(보조자재 : 헤고)

▲사진 3 식재부

▲사진 4 벽면 상부

▲사진 5 옥상녹화

▲사진 6 유인용 어망

Q&A 50. 벽면녹화 사례(3)-건축벽면이 푹 뒤덮인 사례를 가르쳐 주세요?

A **〈치쿠사분카(千種文化) 소극장〉은 건물 벽면이 덩굴로 뒤덮여 있다.**

에너지 절약과 도시경관 향상을 실현

나고야시 · 치쿠사분카 소극장은 2002년에 오픈한 소극장으로, 객석수 251석, 정팔각형의 중앙무대와 정면 7.5m의 무대가 특징적인, 전국적으로 보더라도 드문 원형극장이다.

따라서 외벽은 창이 드문 건물로 되어 있으며, 수경과 환경 배려차원에서 큰 길에 접한 두 벽면에 전면 벽면녹화를 실시하였다. 에너지 절약과 도시경관 향상을 실현한 환경과 조화를 이루는 건물로서 전국적으로도 높은 평가를 받아 여러 개의 상을 수상하였다. 높이는 약 13m, 벽면녹화면적은 약 630㎡로, 벽면녹화의 식재공사는 2002년 4~6월에 실시되었다.

2년 만에 전면 피복

〈치쿠사분카 소극장〉의 벽면은 콘크리트로 되어 있어 덩굴식물의 부착근이 흡착되기 쉬운 야자섬유매트와 입체 철망이 조합된 보조자재를 설치하였다. 야자섬유매트는 부착

건축개요	용도	극장
	소재지	아이치현 나고야시 치쿠사구(愛知県名古屋市千種区)
	구조	철근콘크리트조, 지상2층 건물
	준공	2002년 7월
녹화개요	녹화목적	환경부하 저감 및 경관 향상(수경)
	녹화면적	630㎡
	식재시공	2002년 4~6월
	식재기반의 구성	유기질계 인공경량토양, 토량 약 240L/m 또는 약 270L/m
	녹화방법	등반형 · 하수형 병용
	보조자재	철망 · 야자섬유매트 병용 보조자재
	식물	알제리아 아이비, 알제리아 아이비 변종, 잉글리시 아이비, 미국능소화, 시계꽃, 비그노니아, 휘커스 퓨밀라, 담쟁이덩굴
유지관리	관수방법과 빈도	자동점적관수방식, 연 4회 설정 변경, 3일에 1회 관수
	청소 등의 빈도	-
	전정 빈도	연 1회
	기타 관리	시비 1회/년

▲ 표 치쿠사분카 소극장/건물 및 녹화의 개요

형 덩굴식물(아이비류, 비그노니아 등)의 등반을 촉진하며, 입체 철망은 감는 덩굴 · 덩굴손형 덩굴식물(시계꽃 등)의 등반을 촉진한다. 여기에서 능소화나 시계꽃은 1년만에 높이 13m에 달하여 약 2년만에 전면 피복되었다.

보조자재는 건물의 디자인성을 높이는 효과가 있어 이 시설은 디자인성도 높게 평가되고 있다.

식재기반은 차양부분 · 지면 · 옥상에 설치되어 충분한 토량(차양부분 : 약 270L/m, 옥상 : 약 240L/m)을 확보할 수 있는 구조로 되어 있다 **[사진2]**. 토양은 유기질계 인공토양이 사용되어 식물이 매우 양호하게 생장하고 있다.

관수장치에 사용되고 있는 물은 빗물 등의 중수를 이용한 점적식으로 되어 있어 수돗물을 가능한 한 사용하지 않음으로써 보다 환경과 조화를 이루도록 배려되어 있다.

사용 식물과 특징

식물은 8종류 약 400본의 덩굴식물이 사용되어 피복속도나 형태, 개화시기, 상록, 낙엽 등을 고려하여 선정되었다. 피복속도가 빠른 덩굴식물(능소화, 시계꽃 등)은 초기의 경관을 연출하지만, 생장이 진행됨에 따라 하부의 엽수가 적고 피복밀도가 엉성해지는 단점이 있다. 따라서 장기적인 경관에 대한 배려로서 아이비류 등이 벽면 전면을 조밀하게 녹화할 수 있는 상록으로 균형을 이루도록 배식하여 이들 종이 우점하도록 계획되었다. 또한, 꽃이 아름다운 덩굴식물(시계꽃, 능소화, 비그노니아)이 경관에 생명을 불어넣고 있다.

유지관리는 연간 1회의 전정과 시비 정도지만 그렇더라도 양호한 경관이 유지되고 있다.

▲ 사진 1 치쿠사분카 소극장(시공 직후)

▲ 사진 2 시공 후 약 2년

▲ 사진 3 보행자가 바라본 경관

Q&A 51. 벽면녹화 사례(4)-희귀한 장소에 있는 사례를 가르쳐 주세요?

A 예를 들면 '에이라쿠코미치'는 도심 빌딩숲 속에 만들어진 녹음이다.

공개공지의 벽면녹화 '에이라쿠코미치'

〈일본공업 클럽회관 · 미쓰비시(三菱)UFJ신탁은행 본점 빌딩〉은 사람 · 물품 · 정보가 서로 교차하며, 세계를 대상으로 한 비즈니스 센터로서 재구축이 진행되고 있는 마루노우치(丸の内) 지역에 위치하므로 거리조성의 중요한 요소로서 적극적으로 환경 보전에 대한 대응이 이루어지고 있다. 2003년 2월에 준공, 환경부하 저감과 주위 경관 배려 차원에서 공개공지나 고층부에 벽면녹화가 실시되고 있다.

부지 북측에 설치된 동서 관통 보행자용 산책로를 따라서 길이 80m, 높이 3m의 벽면녹화가 조성되었다 **[사진1]**. SUS제 케이스(300×300×80mm)의 직선적 레이아웃과 식물의 유연함이 공존하는 의장성이 높은 기반식 벽면녹화가 사용되어 미국줄사철나무, 잉글리시 아이비가 식재되어 있다. 녹지네트워크 형성에 기여함과 동시에 방문하는 사람들에게 청량감 있는 어메니티 공간을 제공하고 있다.

건축개요	용도	오피스빌딩
	소재지	도쿄도 치요다구(東京都千代田区)
	구조	철골철근콘크리트조 지하4층 · 지상30층 · 옥탑2층
	준공	2003년 2월
녹화개요	녹화목적	의장(수경)
	녹화면적	1200㎡
	식재시공	2003년
	식재기반의 구성	아크릴 코팅 부직포, 녹화 블록
	녹화방법	입체형 기반조성방법
	보조자재	스테인리스제 케이스
	식물	미국줄사철나무, 잉글리시 아이비
유지관리	관수방법과 빈도	점적식 살수호스, 전기식 제어기, 연간 4회의 설정 변경, 주로 2일에 1번 살수
	청소 등의 빈도	낙엽 청소는 빈번하게 실시
	전정 빈도	도장지를 그때마다 전정
	기타 관리	적당한 시비(액상비료를 살수설비에 혼입)

▲표 일본공업 클럽회관 · 미쓰비시 UFJ 신탁은행 본점 빌딩/건물 및 녹화의 개요

지상 150m의 옥상 벽면녹화

지상에서의 원경이나 주변 고층 빌딩에서의 경관을 고려하여 건물 꼭대기, 유리 외장 내측에 높이 8m의 벽면녹화를 실시하였다 [사진2]. 대형 케이스(약 600×800×80mm)를 활용한 기반식 벽면녹화시스템이다. 지하에 설치된 레일(홈통형 강철)에 사전 양생을 한 유닛 케이스(unit case)를 밀어넣어 고정한다. 식물은 계절별로 색채 · 질감의 변화를 즐길 수 있는 미국줄사철나무를 이용. 그 특성에 따라 겨울철에는 4색, 여름철에는 2색으로 물든다.

▲ 사진 1 에이라쿠코미치(왼쪽 전경, 오른쪽 근경)

▲ 사진 2 옥상 벽면녹화(왼쪽 전경, 오른쪽 벽면녹화 패널)

Q&A 52. 벽면녹화 사례(5)-공장 등에서의 사례를 가르쳐 주세요?

A 주위 환경과 조화를 목적으로 한, 예를 들면 청소공장의 벽면녹화 사례가 있다.

도시와 자연생태계와의 공생

지금까지 청소공장은 배출된 쓰레기를 처분 · 소각하는 기능을 중시한 건축적 정비가 실시되고 있는 인상이 강했다. 이에 비해 도쿄23구 청소1부 사무조합은 공장의 플랜트 갱신공사에 있어서 환경과의 공생, 자원 · 에너지 순환, 지역과의 조화를 기조로 하여 '그린 리폼' 이라는 컨셉을 바탕으로 새로운 환경을 만들어내는 사업을 추진하고 있다.

〈이타바시(板橋)청소공장〉이 위치한 이타바시구 다카시마다이라(高島平) 지구는 공업단지로 상대적으로 녹음이 적은 거리이다. 갱신공사로 공장 건물에 벽면녹화를 하여 시각적으로 친환경적인 모습을 연출하여 근린과 녹지 공간의 창출에 의한 조화를 도모하고 있다**[사진1]**.

건축개요	용도	쓰레기 소각공장
	소재지	도쿄도 이타바시구 다카시마다이라 9-48-1
	구조	철골철근콘크리트조 일부 철근콘크리트조 · 철골조 지하1층 · 지상5층
	준공	2002년 11월
녹화개요	녹화목적	의장(수경)
	녹화면적	약 2000㎡
	식재시공	2002년
	식재기반의 구성	재활용 경량인공토양
	녹화방법	일체 유닛형 벽면녹화공법
	보조자재	기반조성형용 녹화패널
	식물	알제리아 아이비, 마삭줄, 멀꿀 혼식
유지관리	관수방법과 빈도	점적식 살수호스, 연간 4회의 설정변경, 주로 2일에 1번 살수
	청소 등의 빈도	필요할 때마다 실시
	전정 빈도	도장지의 전정 및 감아 붙이는 유인작업
	기타 관리	시비 1회

▲표 도쿄23구 청소1부 사무조합 · 이타바시 청소공장/건물 및 녹화의 개요

녹화패널로 조기 녹화

토양과 유인 메시를 일체화 시킨 SUS제 녹화용 유닛을 제작하여 농장에서 식물을 이식하여 6월부터 이듬해 3월까지 농장에서 전문 관리를 바탕으로 살수 · 전정 · 유인 · 병충해 · 저온순화 등의 양생관리를 실시하였다 [사진2]. 녹화용 유닛에 시간을 할애하여 감아 올려 유인된 식물의 잎은 자연스러운 상태로 방향이 정리되고 녹피율도 높아지게 된다. 이렇게 완성된 녹화 패널을 현장에 설치된 철골 프레임에 고정하여 내측에 관리용 통로 [사진3]가 설치되어 완성되었다. 녹화용 유닛도 미리 녹색으로 도장하여 녹화를 손상시키지 않도록 하고 있다.

▲ 사진 1 완성 후(왼쪽 전경 투시도, 오른쪽 근경)

▲ 사진 2 녹화 패널 양생 중

▲ 사진 3 유지관리용 통로

Q&A 53. 벽면녹화 사례(6)-환기탑 등의 구조물 사례를 가르쳐 주세요?

A 도쿄(東京) · 신주쿠(新宿)역 서쪽 입구 광장 환기탑의 사례가 있다.

인상적인 역전의 경관을 만든다

흡배기 등을 위한 환기탑을 녹화한 사례로서 신주쿠역 서쪽 입구 광장의 환기탑 외주 타일 마감벽에 보조자재로서 철망을 시공한 사례가 있다.

식재 2년 후–마감 타일면이 두드러진 상태

[사진1]은 1989년에 시공되어 시공 후 2년째 촬영한 것이다. 녹화 네트는 마름모형 철망(알루미늄 피복철선)의 선형 ϕ 4.0 · 망눈 150×150mm를 사용하였다 **[사진2]**.

식재 16년 후–전면이 피복되었다

시공 후 16년이 경과한 상황 **[사진3~6]**은 환기탑 외측에 덩굴식물이 왕성하게 생육하여 전면적으로 뒤덮여 있다. 또한 탑의 내측에도 하수된 상황을 볼 수 있다.

건축개요	용도	환기탑
	소재지	도쿄도 신주쿠구
	구조	환기탑 높이 11.5m · 직경 11.5m 원통형 배기탑 높이 7.0m · 직경 9.5m 원통형
	준공	1966년
녹화개요	녹화목적	수경
	녹화면적	(흡배기탑의 구조물 치수 참조)
	식재시공	1989년
	식재기반의 구성	평균두께 60cm(밭토양층 50cm+펄라이트층 10cm)
	녹화방법	등반형
	보조자재	마름모형 철망(ϕ4.0×150×150 알루미늄 피복강선) · 앵커볼트 고정
	식물	비그노니아, 담쟁이덩굴 (침입식물로서 인동덩굴)
유지관리	관수방법과 빈도	살수설비가 있지만 현재는 자연강우만
	청소 등의 빈도	–
	전정빈도	수년에 한번 전정
	기타 관리	정기적인 작업은 없다

▲표 신주쿠역 서쪽 입구 광장 환기탑/녹화의 개요

▲ 사진 1 시공 후 2년차의 상황(1990년)

▲ 사진 2 마름모형 철망
(알루미늄 피복강선 φ4.0×150mm, 다크브라운색)

▲ 사진 3 시공 후 16년차(2005년)

▲ 사진 4 탑 안으로 늘어뜨려져 있는 상황

▲ 사진 5 무성한 북측의 상황

▲ 사진 6 비그노니아의 양호한 생육상황

Q 54. 벽면녹화 사례(7)-옹벽·교각·방음벽·호안 등의 구조물 사례를 가르쳐 주세요?

&

A 아래에 나타낸 바와 같이, 대면적을 저관리로 녹화한 토목구조물의 사례가 있다.

저관리와 지속성

옹벽·교각·방음벽·호안 등 토목구조물의 벽면녹화 대부분이 수백~수천 ㎡의 대면적을 대상으로 하기 때문에 벽면녹화에 유지관리가 필요하게 되면 많은 비용이 들게 된다. 따라서 토목구조물의 벽면녹화에서는 강우만을 이용한 생육을 전제로 하여 자연지반에 식재하는 공법(노지식재라고도 함)이 채택되며, 전정 등의 유지관리가 거의 필요하지 않은 유형의 덩굴식물을 등반 또는 하수시키는 방법이 많이 이용되고 있다.

등반용 수종으로는 전정이 거의 필요하지 않은 알제리아 아이비와 잉글리시 아이비(이하 아이비류)나 담쟁이덩굴이 많으며, 전정이 어느 정도 필요한 멀꿀, 인동덩굴, 비그노니아, 능소화 등도 혼식으로 이용되고 있다. 하수용 수종으로는 아이비류가 가장 많다. 등반과 하수 양쪽이 모두 가능한 장소에서는 동일 수종이라도 하수보다 등반 쪽이 빠른 생장을 보이기 때문에 피복까지의 기간을 고려하여 계획하도록 한다.

콘크리트제 토목구조물의 설계 내구연한은 50~100년으로, 장기간으로 설정되어 있다. 거기에 부속되는 벽면녹화도 장기의 녹화기능이 요구되고 있다. 따라서 토목구조물에서는 지속성과 강우만으로의 생육을 요구하기 때문에 자연지반을 이용한 저관리화를 위해 아이비류만을 식재하는 경우가 많다.

구조물 하부에서 덩굴식물을 등반 생장시킨다

콘크리트 옹벽이나 고속도로 등에 설치되어 있는 금속제 방음벽 등의 녹화에서는 구조물 하부의 식재기반에서 아이비류, 비그노니아, 능소화 등을 등반 생장시키는 방법이 가장 일반적이다 **[사진1, 2]**. 등반 보조자재로서는 철망이나 철망·야자섬유매트 병용 자재가 많이 이용되고 있다. 이들 자재를 이용한 녹화는 심한 비바람이나 대형 자동차의 주행풍에 노출되더라도 박리 낙하되는 일 없이 녹화벽면을 유지한다.

교각 벽면의 경우, 식재기반에 강우가 직접 공급되지 않기 때문에 빗물을 식재기반에 공급하는 연구가 필요하다 **[사진3]**. 구체적인 예로서는 고가도로의 노면에 내린 빗물배수의 일부를 식재기반으로 유도하는 설비를 설치한 것을 들 수 있다 [사진4]. 이를 통해 강우 때마다 식재기반으로 수분이 공급되기 때문에 상수도 등을 이용한 자동관수설비를 거의 사용하지 않은 벽면녹화가 가능하게 된다.

구조물 상부에서 덩굴식물을 하수시킨다

옹벽이나 호안 등의 구조물 상부에 자연지반이 있는 경우, 덩굴식물을 하수 생장시킬 수 있다 [사진5]. 이 경우, 덩굴이 바람에 흔들려 스트레스를 받기 때문에 덩굴의 생장에는 오랜 시간이 걸리므로, 단기간의 녹화에는 적당하지 않다. 특히 벽면의 상단 모서리에서는 생육 초기단계에 덩굴의 손상이 심하기 때문에 바람에 의한 흔들림 방지와 벽면과의 접촉보호로서 철망이나 철망 · 야자섬유매트 병용 보조자재 등을 이용하여 생장 촉진을 도모하고 있다 [사진6].

▲ 사진 1 금속제 방음벽 표면에 철망을 이용

▲ 사진 2 콘크리트 옹벽에 철망 · 야자섬유매트 병용 보조자재를 이용

▲ 사진 3 고가 밑 교각의 벽면녹화 예 (강우는 거의 유입되지 않는다)

▲ 사진 4 빗물 배수 등을 유도하여 관수용으로 이용하는 설비

▲ 사진 5 15년 정도의 세월을 거쳐 생장한 옹벽 하수녹화(알제리아 아이비)

▲ 사진 6 호안 상단 모서리에 철망 · 야자섬유매트 병용 보조자재를 설치, 초기 생장 촉진을 도모하고 있다

Q&A 55. 벽면녹화 사례(8)-입체주차장에서의 사례를 가르쳐 주세요?

A 입체주차장에서는 구조, 벽면녹화의 목적에 맞추어 적절한 녹화방법을 선택할 필요가 있다.

목적을 명확히 한다

도시에서 토지이용의 고도화 · 고밀화가 진행되어 주차장에 대해서도 입체화가 요구됨으로써 입체주차장을 자주 볼 수 있게 되었다. 입체주차장은 도로에 접한 장소나 공동주택의 중정 등에 설치되는 경우도 많으며, 도시공간에 있어서 위치적으로도, 양적으로도 커다란 영향을 미치고 있다. 이러한 상황에서 환경 측면이나 경관 측면에서의 대책이 요구되어 있으므로 입체주차장의 외벽을 녹화함으로써 고밀의 무기적인 경관에 윤택한 안정감을 부여할 뿐만 아니라, 열환경 부하의 저감이나 대기정화, 소음감소 등을 기대할 수 있다. 더불어 옥상녹화와 조합시켜 퍼걸러 등에 덩굴식물을 휘감아 녹음이 우거진 하늘지붕을 만드는 수법 등을 도입함으로써 이러한 효과는 더욱 증대된다.

벽면녹화에는 노지에 식재한 덩굴식물에 의한 저비용 · 저관리 녹화방법부터 고비용이기는 하지만 하이퍼포먼스를 기대할 수 있는 녹화방법이 있으므로, 녹화 목적을 명확히 하여 녹화방법을 선택하는 것이 중요하다.

구조와 벽면녹화방법의 선택

입체주차장에는 자주식 유형과 기계식 유형이 있으며, 기계식에는 타워식인 경우도 있다. 구체 구조는 콘크리트와 철골 2종류가 있다. 벽면녹화에 대해서도 건축기준법, 소방법에 의해 외벽의 개구면적이나 구체와의 이격 거리 등의 규제를 받는 경우가 있으므로 구체설계 시에 충분한 조정이 필요하다.

녹화방법은 다른 건축물과 마찬가지로 ① 노지식재에 의한 등반형 녹화, ② 플랜터를 설치한 녹화, ③ 식재기반을 벽면에 설치한 녹화, 3가지 형태가 있는데, 이들 모두 주차장 구체를 직접 녹화하는 방법과 구체에서 떨어져 독립된 벽면을 설치하여 녹화하는 방법이 있다. ②, ③의 경우에는 구체에 하중이 걸리며, 관수가 필요하기 때문에 구체 설계 시에 구조계산이나 관수장치 등의 설비설계 등이 필요하게 된다. 철근콘크리트 구체의 경우에는 구체와 일체로 플랜터 등의 식재기반을 정비하는 것도 가능하며, 하중을 예상함으로써 인공지반이나 옥상녹화와 같은 식재기반을 정비할 수 있다. 토량을 충분하게 확보할 수 있다면 식재 가능한 식물의 종류도 증가하여 무관수 벽면녹화도 가능하게 된다.

녹화방법의 선택에 있어서는 녹화의 목적과 초기 설치비용, 장기적인 유지관리비용 등을 종합적으로 판단하여 결정할 필요가 있다(→Q.23).

입체주차장 벽면녹화의 핵심

① 노지식재 덩굴식물 녹화일지라도 식재기반을 정비한다

노지식재 덩굴식물에 의한 등반형 녹화는 저비용 · 저관리의 녹화가 가능하지만, 구체 건설 시에 되메운 토양에 그대로 식재하여 실패한 사례도 있다. 토양을 조사하여 양호한 식재기반을 정비한 후 식재할 필요가 있다.

② 플랜터를 설치할 경우에는 길고 넓은 것을 이용한다

작은 플랜터를 여러 개 설치하여 식재하는 사례도 많이 볼 수 있는데, 관수장치를 갖추고 있더라도 장기적으로는 실패하게 되는 경우가 많아 연속된 플랜터로 식재기반을 가능한 한 크게 만드는 것이 중요하다(→Q.23).

③ 녹화할 외벽면의 환경조건을 고려한다

입체주차장 외벽면 전부를 녹화하는 경우에는 방향에 따라서 일조, 온도변화, 수분상태, 풍향 · 풍력 등의 조건이 전혀 다르다. 하나의 입체주체장이라도 각 면마다 최적의 녹화방법은 다르다는 것을 고려하여 계획하는 것이 중요하다.

④ 전면녹화 혹은 수직방향, 수평방향–길거리 상황도 고려한다

입체주차장의 외벽면은 크고 또한 긴 경우도 있다. 경관 측면에서 미치는 영향도 크며, 디자인적으로도 높은 수준의 녹화가 요구된다. 식물의 선택, 보조자재의 설계, 구체 소재와의 조합, 주변 건축물 · 길거리 상황과의 조화 등에 관한 연구가 필요하다.

⑤ 근원부분은 확실한 녹화를 한다

덩굴식물로 녹화한 벽면의 근원부분이 말라버린 사례도 많이 볼 수 있다. 이 부분은 눈에 띄는 부분이므로 확실하게 녹화할 필요가 있다. 저목이나 지피류 녹화와의 조합 등에 관한 연구도 필요하다.

▲ 사진 1 수직방향의 벽면녹화(등반형 보조자재 있음)

▲ 사진 2 녹화패널에 의한 벽면녹화

Q&A 56. 벽면녹화 사례(9)-해외 사례를 가르쳐 주세요?

A 싱가포르 토목구조물의 녹화 사례를 소개한다.

벽면녹화에 의한 도시환경정비의 선진적인 사례

유럽이나 미국에서는 예전부터 건물의 덩굴식물 녹화나 에스페리아 등의 외벽녹화가 널리 이루어졌으며, 최근에는 건축디자인의 일부로서 도입되는 등 많은 벽면녹화 사례를 볼 수 있다. 또한 싱가포르에서는 종합적인 도시환경정비로서 토목구조물 등의 콘크리트 벽면 전부를 대상으로 녹화가 추진되고 있다. 여기에서는 싱가포르의 종합적인 환경 · 경관정비 주요 사항인 토목구조물 사례를 소개한다.

싱가포르에서는 국가의 기본시책인 '가든시티(정원 속의 도시구상)'를 토대로 생활공간의 환경개선이 진행되고 있다. 그리고 도시의 입체화 · 고층화 진행에 발맞추어 녹음의 상공 전개라고도 할 수 있는 '스카이라이즈(skyrides) 녹화' 방침에 따른 옥상녹화 · 벽면녹화가 추진되고 있다. 즉 구조물에서의 복사열 저감이나 시각적 자극 완화를 위해 콘크리트 구조물에 대한 녹화가 이루어지는 것이다.

특히 도로 주위의 옹벽 등 콘크리트 구조물은 모두 녹화된다. 콘크리트 옹벽 전면에는 폭 30cm 이상의 식재기반이 확보되어 관수, 배수설비가 설치되므로 육성과 유지관리를 고려한 정비가 이루어진다. 녹음에 의한 도시환경정비의 선진적인 사례라고 할 수 있을 것이다.

육교나 교각

교각이나 측벽을 덩굴식물로 피복하고, 또한 고가육교에 식재기반을 설치하여 저목을 하수시켜 보행 경관, 연도 경관의 향상을 도모하고 있다 [사진1~2].

고속도로나 가로를 따라 늘어서 있는 수직 콘크리트 옹벽

콘크리트 옹벽은 전부 덩굴식물 등으로 피복하여 경관성(시각적 자극의 경감)은 물론, 복사열의 완화를 통해 주행차, 보행자에 대한 환경개선을 도모하고 있다 [사진3~6].

입체교차부나 고가구조체

고가구조체의 측단에 식재기반을 설치하여 저목(화훼류)을 하수시켜 경관적으로 구조체의 수평적 위화감을 완화시키고 있다 **[사진7~8]**.

▲ 사진 1 고속도로의 교각

▲ 사진 2 육교 주변

▲ 사진 3 차도 주변의 수직옹벽

▲ 사진 4 보도 주위의 계단형 옹벽

▲ 사진 5 보도 주위의 수직옹벽

▲ 사진 6 고속도로의 옹벽

▲ 사진 7 교차 고가교 녹화

▲ 사진 8 챤기국제공항의 고가 녹화

〈참고문헌〉 下村孝、輿水肇、梅干野晁『立体緑化による環境共生——その方法·技術から実施事例まで』(ソフトサイエンス社、2005)

Q&A 57. 아이치(愛知) 세계박람회 '바이오렁'의 벽면녹화(1) – '바이오렁'은?

A 세계 최대의 자립형 녹화벽면.
'호흡하는 도시구조막'을 컨셉으로 미래형 도시녹화장치로서 제안된 것.

미래형 도시녹화장치

바이오렁이란 생물을 의미하는 'bio(바이오)'와 폐의 'lung(렁)'을 조합시킨 말이다. 2005년 일본국제박람회(아이치 세계박람회, 아이 지구박람회)에 있어서 박람회장 중심이 된 아이 지구 광장에 위치한 글로벌 하우스의 파사드에 길이 150m, 높이 15m, 면적 약 3,500m²의 세계 최대급 수직녹화벽면이 등장하여 바이오렁이라고 명명되었다.

2개의 탑과 2장의 녹화벽면으로 구성된 바이오렁에는 약 200종, 20만 그루에 이르는 식물이 식재되어 봄에서 가을까지 계절에 따른 꽃들이 내방객을 즐겁게 하였다. 이 바이오렁은 '자연의 예지(自然の叡智)'라는 아이치 세계박람회의 컨셉을 구현했을 뿐만 아니라, 자립형 수직녹화벽면이라는 종래에 없던 구조물이기 때문에 생물을 육성하여 열섬현상 등의 도시 환경압을 저감한다는 미래형 도시녹화장치로서 제안된 것이다.

호흡하는 도시구조막

인간은 자연과 공생하는 생활 속에서 '자연의 예지'를 받아, 이를 실천하기 위해 다양한 자연을 만들어내 왔다. 주거를 둘러싼 높은 생울타리 등은 일본인이 가진 자연관이나 자연과 공생해 온 실천을 상징하는 것이라고 할 수 있으며, 방풍이나 미기후 완화, 계절감이나 땔나무 채취 등 녹화 벽이 가진 환경개선효과를 최대한으로 활용한 것이다.

바이오렁은 이러한 녹화 벽이 가진 다양한 역할에 착안하여 도시 내에 있어서의 새로운 벽면녹화기술로서 '호흡하는 도시구조막'을 구체화한 것이다. 또한 앞으로의 벽면녹화기술의 전개를 겸비한 사회 실험시설로서도 자리매김하여 각종 환경개선효과, 정비방법 · 유지관리 측면에서의 대응 등 다양한 데이터를 수합한 결과 일정한 효과를 올리고 있다는 것이 입증되었다.

20종 이상의 녹화기술

바이오렁은 박람회의 실험 전시장치였기 때문에 20종에 이르는 벽면녹화기술이 구사되었다[표]. 미래지향형의 신선한 기술이면서 반년에 걸친 회기 중 꽃의 개화나 생장 등의 확실한 성과가 요구되었다. 이를 위해 여기에 사용된 벽면녹화기술은 곧바로 활용할 수 있는 것에서부터 다소의 개선을 필요로 하는 것까지 다양했으나, 앞으로 벽면녹화기술에 있어서 전형이 될 것으로 판단된다.

▲ 사진 1 바이오렁의 전경(제공 : 국제박람회협회)

▲ 그림 1 바이오렁의 위치

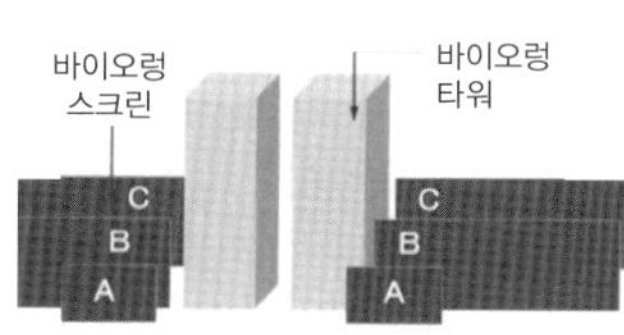

▲ 그림 2 바이오렁의 기본구조

시트형	식재기반을 얇은 시트 모양으로 가공한 것으로, 시트 자체에 보수성이나 기반재로서의 성능을 부여하고 있다. 특히 가볍고 가공하기 쉽기 때문에 대규모 면적을 피복, 혹은 작은 단위로 가공하여 사용하는 등 범용성이 넓다. 이끼나 세덤류 등에 의한 녹화에 대응하고 있다.
매트형	식재기반을 일정 두께를 가진 매트 모양으로 가공한 것으로, 매트 내에 경량토양이나 섬유계 자재 등의 기반재를 갖추고 있다. 대규모 면적을 일체적으로 피복할 경우 등에는 상당히 우수하여 세덤에서 관상 초화류 · 야생 초화류, 관목까지 녹화 가능성은 넓다.
플랜터형	녹화대상 범위의 하부나 중간부분에 플랜터형 식재기반을 가진 것으로, 베란다나 좁은 통로 등 플랜터를 설치할 수 있는 장소인 경우에는 확실한 녹화방법이다. 덩굴식물의 이용이 표준이지만 에스페리아 등의 이용도 고려할 수 있다.
패널형	경량토양이나 피트모스, 혹은 섬유계 자재 등의 기반재를 패널 안에 충진하여 녹화기반으로 사용한 것이다. 패널의 조합에 의해 소규모에서 대규모까지 또한 설치장소에 대해서도 범용성은 넓으며, 세덤에서 관상 초화류 · 야생 초화류, 관목까지 녹화 가능성도 넓다.
포켓형	벽면에 포켓 모양의 식재기반을 가진 것으로, 포켓의 크기나 형태, 또는 설치방법에 따라 녹화형태가 달라진다. 포켓 속의 기반재는 경량토양이나 섬유계 소재가 많이 사용되며, 관상 초화류나 야생 초화류, 관목까지 녹화 가능성은 넓다.

▲ 표 바이오렁에 이용된 녹화기술의 분류

Q&A 58. 아이치(愛知) 세계박람회 '바이오렁'의 벽면녹화(2)-덩굴식물 이외의 식물에 의한 사례를 가르쳐 주세요?

A 초본에서 저목류까지 40종 이상의 식물이 혼식된 자립형 벽면녹화 '휴식 벽'이 있다.

평지와 같은 식재가 가능

휴식 벽은 특수 인공토양을 가진 벽면패널로, 이를 보호하는 두꺼운 시트가 특징이다. 시트는 적당한 두께에 의해 복원성을 가지고 있으며, 안에 있는 토양의 유실을 막고 있다. 이로 인해 평지와 같은 감각에 의한 식재가 가능하여 벽면녹화 식물을 다양하게 이용하고 있다. 여기에서는 산중(笹山)을 이미지화 한 상부에서 아래쪽으로 산촌(里山), 들판(野辺), 해안까지의 41종류 식물을 식재하였다. 또한 특수 조인트UTB(utubo)를 가진 지탱자재 MBS(magic bodying system)와의 조합에 의해 건물 벽면에서 교각, **기념답**에 이르는 다양한 벽면녹화 자재의 제공을 가능하게 하고 있다 **[그림, 사진1]**.

혼식의 효과

'평지와 같은 감각으로'라고 언급했으나 실제로는 벽면의 식물은 평지에 비해 심한 환경압이 가해지고 있다. 바이오렁 현지에서는 일조량이나 수분 조건, 바람이 가장 커다란 요인이었다. 같은 방위에서도 벽면의 상부와 하부에 따라 조건은 크게 달라진다. 사전 계획에서의 예측과 실제 현지의 미기상도 차이가 있었다. 따라서 계획대로 식물이 생육한다는 보장이 없으므로 예상과 다른 결과를 보일 가능성이 있다. 이러한 위험성을 최소한으로 줄이는 것이 혼식효과의 특징이라고 할 수 있다. 여러 종류의 혼식에 의해 현지 공간환경에 보다 잘 적응할 수 있는 식물이 경합하면서 자람으로써 적응하기 어려운 식물의 공간을 보완하여 전체적으로는 양호한 녹음을 유지할 수 있는 것이다.

시스템과 특징

벽면 패널을 구조 구체에 설치하는 것이 아니라, 앞에서 언급한 바와 같이, 패널의 지탱자재를 특수 조인트 UTB를 가진 지탱자재 MBS로 실시하였다. 뒷면과 옆면에도 패널을 설치히였다 **[사진2~4]**. 공장 조립으로 공기단축, 해체, 재이용이 가능하며, 패널의 설치, 교환이 용이하기 때문에 건물벽면, 교각, 기념답에 이르는 다양한 벽면녹화에 응용할 수 있다. 이번의 MBS 규격은 높이 4,500 · 폭 4,050 · 두께 330mm로 입체 화단의 형태이다.

패널의 크기는 높이 600, 폭 900, 두께 85mm로 중량은 습윤 시에 40kg 정도이다.

사용식물은 [표]와 같다. 또한 식재기반의 토양은 진주암 펄라이트 · 제올라이트 · 코코피트 · 바크퇴비 · 훈탄 등의 경량토양으로, 습윤밀도는 0.42g/㎤, 토양두께는 85mm이다.

저목류(13종)	스키미아, 애기말발도리, 자금우, 삼지닥나무, 꽝꽝나무, 회양목, 꽃치자, 남천, 양매자나무, 풀명자나무, 해당화, 섬향나무
조릿대류(2종)	얼룩조릿대, 옹죽
숙근초(17종)	애란, 삼지구엽초, 새우난초, 나도샤프란, 맥문동, 석산화, 대엽애란, 일본붓꽃, 비비추, 바위취, 아크토세카, 노랑천사덩굴, 빙카류, 털머위, 화만초, 개모밀덩굴, 갯국
양치류(2종)	도깨비고비, 홍지네고사리
덩굴류(7종)	퓨밀라, 마삭줄, 고시키테이카, 으아리, 반들가시나무, 인동덩굴, 줄사철나무

▲표 사용식물

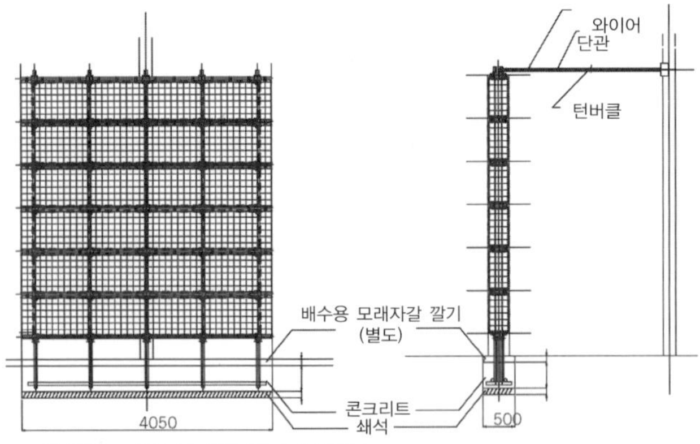

▲그림 MBS · 자립 시스템의 정면도 및 측면도

▲사진 1 MBS의 설치

▲사진 2 패널 설치

▲사진 3 전면

▲사진 4 뒷면

Q&A 59. 아이치(愛知) 세계박람회 '바이오렁'의 벽면녹화(3) - 덩굴식물에 의한 사례를 가르쳐 주세요?

A 등반 매트 일체형 입체 철망을 이용한 덩굴식물에 의한 벽면녹화를 소개한다.

산촌(里山) · 산중(奧山)을 방불케 하는 풍경

덩굴식물을 이용한 벽면녹화공법은 바이오렁에서 산촌 · 산중을 방불케 하는 안정된 녹음 풍경을 연출하는 구역에서 사용되었다. 알제리아 아이비 등을 중심으로 농후한 녹음의 벽면녹화를 완성시켰다.

시스템

천연 야자섬유에 의한 등반 매트와 입체 철망을 일체화 시킨 '아이비 등반시스템'에 의해 조기에 확실한 녹화를 실현하였다. 간단한 시공으로 설치비용이 저렴하고 또한 부착형 덩굴식물을 기본으로 하기 때문에 유지관리가 생력화 되어 저비용으로 지속적인 녹

녹화 유형	플랜터형
식재 유형	덩굴식물
패널규격	표준유형 : H3,000×W1350mm
패널두께	패널부 : 80mm, 플랜터부 : 230~320mm
패널 전체중량	142kg/장
프레임 소재	스틸 L40×40×1.6mm
유닛규격	H3,000×W1350mm
중량	통상 : 유닛당 142kg(㎡당 32kg), 습윤 시 : 유닛당 181kg(㎡당 45kg)
식물규격	10.5cm 포트 묘
패널당 수량	2그루/㎡(벽면녹화의 면적당 환산치)
사용식물	알제이라 아이비, 능소화, 잉글리시 아이비, 비그노니아, 알제리아 아이비 변종
기반 유형	토양계 기반
토양상품명	벽면녹화용 배양토(유기질계 인공경량토양)
토양두께	H400~500×W230~320mm
습윤 시 비중	1.0
토양의 배합	아카다마(赤玉), 펄라이트, 사천이탄(四川泥炭), 복합토양개량재(OH-C) 외

▲표 아이비 등반시스템의 개요

화가 가능하다.

녹화 연구

바이오렁에서는 설치 시에 전면이 녹화되어 있는 것이 요구되었다 **[사진1]**. 따라서 이 공법에 의해 세계박람회 개최 1년 전부터 식물을 생장시켰다 **[사진2]**.

여기에서 사용된 유닛은 덩굴식물이 무성한 패널(상부)과 뿌리가 생육하는 플랜터(하부)가 일체를 이루는 구조를 하고 있다. 1장의 유닛 높이가 3m로, 플랜터에는 토양이 약 150L 들어가도록 설계되어 있다.

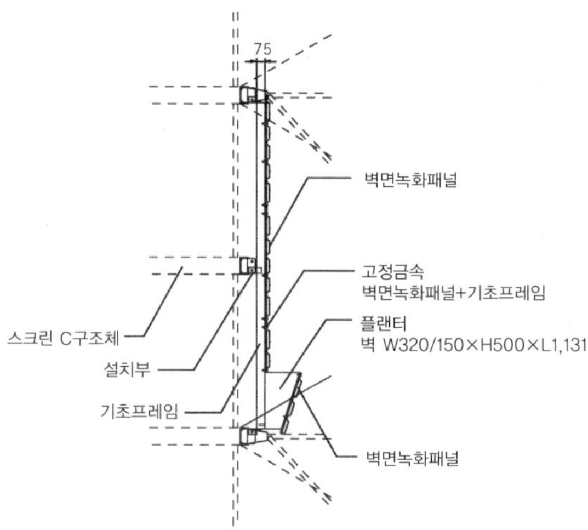

▲ 그림 1 단면도

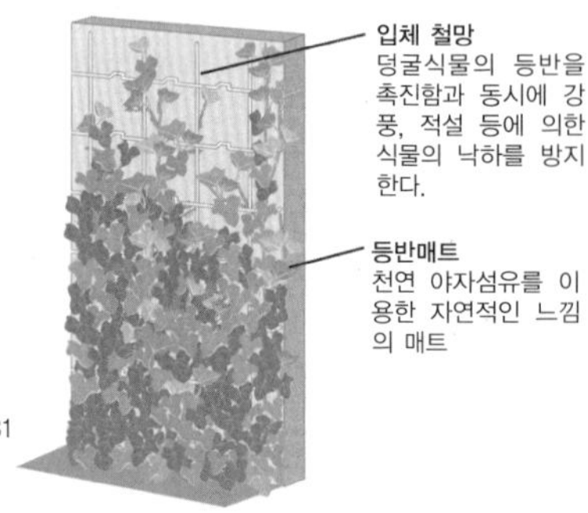

▲ 그림 2 벽면녹화패널

▲ 사진 1 전경

▲ 사진 2 사전 양생 풍경

Q&A 60. 아이치 세계박람회 '바이오렁'의 벽면녹화(4)-바이오렁을 위해 기획된 벽면녹화시스템은?

A 이전에는 없었던 다양한 벽면녹화 유형을 제안하였다. 이용식물에 있어서도 재미있는 제안을 엿볼 수 있다.

다양한 아이디어가 집결

아이치 세계박람회 '바이오렁'은 많은 기업이나 기업 그룹의 기술 협력에 의해 실시되었다. 그 중에서 각 기업 고유의 기술에 의한 출품과는 달리, 이 책의 저자[(재)도시녹화기술개발기구 특수녹화공동연구회 회원그룹]에 의해 기획 · 설계 · 제작되어 전시된 것도 있었다.

거기에서는 바이오렁을 녹화의 실험장으로 하여 이전에는 없었던 다양한 아이디어를 제안하였다. 따라서 그 예를 소개하고자 한다.

토양이나 식물의 고정에 철망을 이용한 입체 식재가 있다. 인공토양을 채운 주머니에 각종 초화류와 식물을 심어 철망의 받침접시에 겹쳐 쌓아 녹화를 한 것으로 '식재주머니 · 요람형' [사진1]이라 한다.

철망의 단수나 배치를 연구하여 형태의 다양성을 부여하거나 과실수 등도 식재하여 보다 다채로운 연출을 시도하였다 [사진2]. 더불어 빗물받이를 이용하여 수경식물로서 벼나 보리를 재배한 것도 있다.

다음으로 수목을 특정 형태에 맞추어 정지 전정하여 플랜터마다 격자형 철망에 끼워 넣고, 얇은 벽 모양으로 정형한 '에스페리아형'이 있다 [사진3~4]. 이 유형은 벽면용뿐만 아니라, 간단한 칸막이나 첨경물로서의 이용도 가능하다.

이외에도 종이 기저귀 등에 이용되는 흡수성 폴리마의 일종을 매트 모양의 기반에 분산 성형하여 거기에 직접 초화류를 식재한 것을 수직으로 늘어놓은 '기반 · 식재 일체 매트형'이 있다 [사진5]. 식재한 매트를 L형 강철로 짜 선반에 끼워 넣어 패널 모양으로 만들었다. 식재기반은 우렌탄폼을 이용하여 상부에서의 관수에 의한 물의 침투를 균일하게 만드는 고안과 자중에 의한 변형과 건조에 의한 수축을 방지하고 있다 [사진6].

이들 기획 제안형 벽면녹화는 제작비용을 가능한 한 억제하는 것도 과제 중의 하나였으며, 참여한 그룹 구성원이 추렴한 자재로 구성되어 현지에서의 설치나 철거도 간단히 할 수 있도록 고안되었다.

바이오렁 벽면녹화에서는 1.5×1.5m의 철골 프레임에 1.35×1.35m의 유닛화된 벽면(수직)녹화를 금속으로 고정하는 설치상의 조건이 있었지만, 그 밖의 디자인상의 제약은 특별히 없었으므로 벽면녹화를 가능하게 하는 다양한 디테일 · 사용재료와 현지 철골조로의 고정방법을 고안하였다. 또한 벽면녹화로서 대응 가능한 식물을 제안하여 검증한다는 '기술 제안형 행사' 의 일면도 있었다.

▲ 사진 1 식재 주머니형

▲ 사진 2 식재 주머니형(과실수 · 딸기 식재)

▲ 사진 3 식재 주머니형과 에스페리아형

▲ 사진 4 에스페리아형(근경)

▲ 사진 5 기반 · 식재 일체 매트형

▲ 사진 6 흡수성 폴리마가 들어간 우레탄폼 기초와 잔디 식재 후의 상황

Q&A 61. 벽면녹화의 실증실험은 어떻게 실시되고 있는가?

A 대벽면을 빠르고 확실하게 또한 경제적으로 녹화하는 방법으로서 실시되고 있는 실험을 소개한다.

실증실험의 목적

(재)도시녹화기술개발기구 특수녹화공동연구회에서는 회원 기업연구소 내의 콘크리트(ALC판) 벽면과 슬레이트 벽면에 대한 벽면녹화 실험을 실시하였다.

망눈 치수가 다른 와이어 메시 보조자재를 이용하여 각종 덩굴식물의 피복 속도와 피복양 등을 조사 · 연구함으로써 대벽면을 확실하고, 또한 경제적으로 녹화하는 방법을 밝히는 것을 목적으로 하여 실험을 실시하였다. 실증실험을 통해 얻어진 결과를 수정 · 개량함으로써 주로 대도시권의 토목구조물(콘크리트 토목구조물)에 대한 적용이 기대된다.

사용 식물 · 구성

덩굴식물은 상록 · 낙엽이나 꽃이 피는 것 등 8종류를 선정하였다. 각각 상록 덩굴식물 6종류(알제이라 아이비, 비그노니아, 캐롤라이나 자스민, 으아리, 인동덩굴, 줄사철나무), 낙엽 덩굴식물 2종류(능소화, 담쟁이덩굴)를 사용하였으나 그 중에서도 부착근형 덩굴식물은 알제리아 아이비, 비그노니아, 줄사철나무, 능소화, 담쟁이덩굴 5종류, 감기형(덩굴, 덩굴손, 잎자루) 덩굴식물은 캐롤라이나 자스민, 비그노니아, 으아리, 인동덩굴, 능소화 5종류였다. 식물은 노지에 식재하였으며, 토양에 멀칭하였고, 관수장치를 이용하지 않는 실증실험을 실시하였다.

실증실험에 이용한 벽면은 콘크리트 벽면(ALC판)과 슬레이트 벽면 2종류였다. 최대폭 40m, 높이 10m의 벽면을 녹화하였으므로 벽면에는 덩굴식물의 등반 보조 및 강풍에 의한 박리 탈락 방지를 목적으로 와이어 메시를 부착근형 덩굴식물, 감기형 덩굴식물에 각각 설치하였다. 망눈 치수는 7.5cm, 15cm, 30cm 3종류로 하였으며, 재질은 아연 · 알루미늄합금 도금철선 300-10%, 굵기 4.0mm로 하였다.

각 덩굴식물의 생육 상황

실증실험은 6월 하순에 식재를 완료하여 7월부터 경과 관찰을 실시하였다. **[사진1~3]**은 실험 개시 3개월 후의 사진이다. 슬레이트 벽면 **[사진1]**에서는 알제리아 아이비만이 식재 후 1개월 정도 된 8월에 일조 조건이 좋은 벽면에서 25% 정도 말라버렸다. 한편 북측 벽면[사진2]에 식재된 알제리아 아이비 생육은 양호하였다. 알제리아 아이비는 대규모 벽면녹화의 실적이 많고, 일반적으로 일조 조건에 상관없이 생육하지만, 한여름철 일조가 강한 시기의 시공이나 수분 부족으로 인해 다른 덩굴식물에 비해 생육이 불량해질 가능성이 제기되었다.

또한, 북측 벽면은 일사가 적기 때문에 증산하는 수분량이 상대적으로 적어 멀칭 아래의 토양이 충분히 촉촉하기 때문에 알제리아 아이비의 생육은 양호했다고 생각된다. 또한, 슬레이트 벽면의 능소화는 와이어 메시에 줄기를 감지 못하고 슬레이트 벽면의 요철에 줄기가 밀착하여 부착근에 의해 벽면을 올라가며 생육하는 경향을 보였다[사진4]. 표면의 가슬가슬함이 적은 벽면에 있어서 부착근형의 식물은 다른 벽면에 비해 생육이 더디나 감기형의 식물은 벽면소재와 무관한 생육상태를 보였다.

실험 개시로부터 3개월이 경과한 시점에서의 각 덩굴식물의 생육속도는 능소화가 압도적으로 빨랐고, 다음으로 인동덩굴, 비그노니아순이었으며, 모두 신장이 3m에 이르렀다. 또한, 실증실험 개시로부터 6개월 후인 12월 하순에 계측된 결과에서는 슬레이트 벽면의 능소화 덩굴의 길이가 4.8m가 되어 식재 식물 가운데서도 최대 신장을 나타냈다.

▲ 사진 1 슬레이트 벽면(실험 개시 3개월)

▲ 사진 2 콘크리트(ALC판) 벽면(실험 개시 3개월 후)

▲ 사진 3 콘크리트(ALC판) 벽면(실험 개시 3개월 후)

▲ 사진 4 능소화(부착근에 의한 등반)

옥상·벽면녹화 보급추진제도

지방자치단체의 옥상·벽면녹화 보급 추진제도를 게재하였다.
한편 조사내용은 平成18(2006)년 3월말 현재의 것임.

① 의무화에 의한 보급 추진

옥상·벽면녹화를 의무화 한 제도

東京都 環境局 都市地球環境部 環境配慮事業課 市街地緑化係 03-5388-3455	**緑化計画書制度** l 부지면적 1,000㎡ 이상의 민간시설(공공시설은 250㎡ 이상)을 대상으로 신축이나 증축 등의 경우에 일정 기준 이상의 녹화를 의무화한다. 원칙적으로 부지면적에서 건축면적을 뺀 면적의 20% 이상, 또한 사람의 출입 및 이용이 가능한 옥상면적의 20% 이상의 녹화를 의무화한다. 건축물상의 녹화면적으로, 보조자재로 피복된 면적을 모두 계상할 수 있다. • 2001년 4월 http://www2.kankyo.metro.tokyo.jp/green/index.htm
新宿区 環境土木部 道とみどりの課 みどりの係 03-5273-3924	**新宿区みどりの条例 · 緑化計画書制度** l 부지면적 1,000㎡ 이상의 민간시설 및 250㎡ 이상의 공공시설에서 건축행위를 할 경우, 지상부 녹화 외에 건축물 녹화를 의무화한다. 다만, 종합설계제도, 단지의 종합적 설계 및 특정 가구의 적용을 받는 시설은 옥상이용 가능 면적의 30% 이상을 의무화한다. 한편 지상부와 건축물의 녹화면적은 상호 대체가 가능하다. • 2001년 7월 http://www.city.shinjuku.tokyo.jp/division/380400michitomidori/index.htm
江東区 土木部 水辺と緑の課 みどりの係 03-3647-2079	**江東区みどりの条例及び同施行規則** l 부지면적 250㎡ 이상의 공공시설 및 민간시설을 대상으로 건축행위 시 지상 및 건물에 일정 기준 이상의 녹화를 의무화한다. 녹화기준은 부지면적이나 법정 건폐율, 건물의 용도 등에 따라 다르다. 지상부의 경우 부지의 약 10~20% 이상, 건물의 경우 부지의 12% 또는 16% 이상의 녹화를 실시하도록 한다. 다만 일정 조건의 범위 내에서 상호 대체할 수 있다. 건축 확인 신청 전에 녹화계획서를 인정받아 녹화공사 완료 후 완료계를 제출하여 확인 검사를 받는다. • 2003년 7월 http://www.city.koto.lg.jp/seikatsu/douro/7486/
品川区 まちづくり事業部 道路公園課 みどりの係 03-5742-6799	**品川区みどりの条例** l 부지면적 1,000㎡ 이상의 민간시설(공공시설은 250㎡ 이상)의 건축행위에 대해 건축면적의 20%(종합설계제도 등은 건축면적의 30%)의 건물 옥상녹화를 의무화한다. • 2001년 4월 http://www.city.shinagawa.tokyo.jp
渋谷区 環境掃除部 環境保全課 緑化推進主査 03-3463-1211	**渋谷区みどりの確保に関する条例** l 부지면적 300㎡ 이상의 시설을 대상으로 신축이나 증축 등의 경우 일정 기준의 녹화를 의무화한다. 원칙적으로 지상부에 있어서는 부지면적에서 건축면적을 뺀 면적의 20% 이상, 옥상부(벽면, 베란다 포함)에 있어서는 건축면적의 20% 이상의 녹화를 각각 실시하도록 한다. 한편, 의무면적을 초과하는 옥상녹화에 대해서 옥상의 경우 4,000엔/㎡(한도액 40만엔), 벽면, 베란다의 경우 2,000엔/㎡(한도액 10만엔)을 보조한다. • 2001년 4월 http://www.city.shibuya.tokyo.jp/index.htm
豊島区 土木部 公園緑地課 花とみどりの係 03-3981-4940	**豊島区みどりの条例に基づく緑化計画の届出** l 일정 규모 이상의 건축행위 등을 하는 경우 녹화계획서 제출을 의무화한다. 지상부·건축물 도로에 접한 부분 각각에 녹화기준이 있으며, 건축물에 있어서는 이용 가능한 옥상면적의 20% 이상 녹화를 실시하도록 한다. • 2003년 4월
荒川区 都市整備部 都市計画係 03-3802-3111(내선2813)	**荒川区市街地整備指導要綱** l 아라카와구 시가지 정비지도 요강의 대상사업(계획세대수 15세대 이상의 공동주택 건설 등)에 해당하는 경우 부지면적 1,000㎡ 미만은 옥상 유효공간의 10% 이상, 부지면적 1,000㎡ 이상은 옥상 유효공간의 20% 이상을 옥상녹화하도록 한다. • 2001년 4월 http://www.city.arakawa.tokyo.jp/

板橋区
土木部
みどりと公園課
みどりの係
03-3579-2533

板橋区緑化の推進に関する条例 ㅣ 부지면적 350㎡ 이상의 민간시설(공공시설 250㎡, 구의 시설은 모두)을 대상으로 신축이나 증축의 경우 일정 기준 이상의 녹화를 의무화한다. 옥상부(건물의 옥상이나 차양이 없는 베란다 중 사람의 출입이 가능하며, 건물의 관리에 필요한 시설이나 녹화가 곤란한 부분을 제외한 장소)에 대해서는 옥상면적의 20% 이상을 녹화하도록 한다. 벽면녹화는 인정하지 않는다. • 2002년 4월
http://www.city.itabashi.tokyo.jp/midori/

葛飾区
環境部
環境課
緑化推進係
03-5654-8239

葛飾区緑の保護と育成に関する条例 ㅣ 부지면적 300㎡ 이상의 민간시설 및 250㎡ 이상의 공공시설을 대상으로 신축이나 증축을 실시하는 경우, 일정 기준 이상의 녹화와 녹화계획서 등의 제출을 의무화하고 있다. 지상부는 부지면적 1,000㎡ 미만의 경우 부지면적×(1-건폐율)×2/10. 부지면적 1,000㎡ 이상의 경우 부지면적×2/10 또는 부지면적×(1-건폐율)×녹화율-공제면적 중 작은 면적 이상을 녹화한다. 건축물은 부지면적 1,000㎡ 이상의 민간시설 및 250㎡ 이상의 공공시설을 대상으로 옥상면적(사람의 출입 및 이용이 가능한 경우에 한한다)의 20% 이상을 녹화하도록 한다.
• 2005년 10월

江戸川区
都市開発部
都市計画課
開発指導係
03-5662-1101

江戸川区住宅等整備事業における基準等に関する条例 ㅣ 3층 건물이며 동시에 10세대 이상 또는 40세대 이상의 공동주택(부지면적 300㎡ 이상), 또는 점포나 오피스빌딩 등 그 외의 건축물로 부지면적 300㎡ 이상 건축물을 신축·증축하는 경우 이용 가능한 옥상(사람의 출입이 가능한 옥상)면적의 20%를 녹화하는 것을 의무화하고 있다. 지붕 발코니 부분도 대상이 된다.

벽면녹화에 대해서는 지상부 녹화로서 용도나 부지면적에 따라서 일정 규모 이상의 도로에 접한 부분의 녹화를 의무화한 가운데 부지형태 등에 따라 도로에 접한 부분의 녹화가 곤란한 경우에는 벽면녹화로도 대체할 수 있다. • 2006년 4월 시행예정
http://www.machidukuri.city.edogawa.tokyo.jp

京都府
自然·環境保全室
075-414-4706

京都府地球温暖化対策条例 ㅣ 교토부 내의 시가화 구역 중 광역자치단체장이 기초단체장과 협의하여 정한 지역(특정녹화지역) 내의 부지면적 1,000㎡ 이상의 신축 또는 증축이 대상이다. 녹화기준은 이용 가능한 옥상면적 20% 이상 및 부지면적의 공지 15% 이상으로 한다. 태양광 발전에 의한 패널을 설치한 경우에는 패널의 수평투영면적을 녹화면적으로 본다. 건축 확인 신청 전에 녹화계획서를 제출하며 공사 완료 후에 사진을 첨부한 완공계를 제출한다. 이에 따르지 않을 때에는 권고, 공표 등의 조치를 취한다. • 2006년 4월 시행예정(녹화의무 시행은 2007년 4월부터)
http://www.pref.kyoto.jp/kankyo/project/joureikaketsu.html

大阪府
環境農林水産部
みどり·都市環境室
自然みどり課
自然環境グループ
06-6941-0351(내)2745

大阪府自然環境保全条例に基づく建築物の敷地における緑化を促進する制度 ㅣ 부지면적 1,000㎡ 이상의 건축물 신축·개축 또는 증축을 실시하는 자에게 규칙으로 정한 녹화 기준에 따른 녹화와 녹화계획서 및 녹화완료서 제출을 의무화한다. 지상부 녹화 이외에 건축물의 녹화기준으로서 이용 가능한 옥상면적의 20% 이상을 녹화하는 것으로 정하고 있으며, 지상부와 건축물에서 각각 녹화가 곤란한 경우, 같은 면적을 서로 대체할 수도 있다. • 2006년 4월 시행예정
http://www.pref.osaka.jp/midori/shizenjourei

兵庫県
県土整備部
まちづくり局
都市政策課
緑化計画係
078-362-3563

環境の保全と創造に関する条例 ㅣ 시가화구역 내에서 건축면적 1,000㎡ 이상의 건축물을 신축하고자 하는 자는 건축물의 녹화기준에 따라 해당 건축물을 이하와 같이 녹화하지 않으면 안 된다.

해당 건축물의 이용 가능한 옥상면적의 20% 이상을 옥상이나 벽면 등을 활용하여 건축물에서 녹지로서 확보한다. 건축물의 태양광 발전 패널은 그 면적의 50%를 녹지라고 볼 수 있다. 건축물의 녹화 의무를 가진 자는 녹화계획을 작성하여 건축 확인 신청 전에 지자체장에게 제출한다. 계획내용의 변경이나 녹화 완료 시에는 각각 변경신청서, 완공계를 제출한다. 지자체장은 상기에 따르지 않는 자에 대해서 필요한 조치를 강구해야 하는 것을 권고할 수 있다. 또한 권고에 따르지 않는 자가 있을 때에는 그 취지를 공표할 수 있다. • 2002년 10월
http://www.pref.hyogo.jp/tosisei/

埼玉県 環境部 みどり自然課 緑地保全担当 048-830-3147	**緑化計画届出制度(根拠：ふるさと埼玉の緑を守り育てる条例)** l 부지면적 3,000㎡ 이상의 건축 행위를 대상으로 녹화계획 제출을 의무화 한다. 녹화계획에서는 녹화기준에 따라 도시계획법에 규정되어 있는 용도지역의 지정 유무에 따라 녹화면적을 확보한다. 또한 녹화방법은 수목, 잔디 등의 지피식물, 이끼류, 다육식물류, 덩굴식물 등을 이용하여 부지, 건축물, 벽면에 녹화함으로써 이행한다. • 2005년 10월 http://www.pref.saitama.lg.jp/A09/BD00/top.htm

② 유도에 의한 보급 추진

1) 부지의 의무 녹화면적으로 계상할 수 있는 제도

川口市 都市計画部 みどり課 推進係 048-258-7492	**川口市緑のまちづくり推進条例に基づく緑化指導** l 부지면적 500㎡ 이상 3,000㎡ 미만의 부지에 건축물을 지을 경우, 일정 기준 면적 이상의 부지 녹화와 식재를 실시할 수 있도록 지도하고 있다. 부지 녹화는 지상부를 주로 하지만 곤란한 경우, 기준 면적의 1/2 이내에 한정하여 펜스 등 녹화, 벽면녹화 및 옥상녹화의 일부를 면적으로 계상할 수 있다. • 2000년 4월 http://web.city.kawaguchi.saitama.jp/web_p01.nsf/39f1c87d0d44690349256b000025811d/9f04e10b2d94c42849256bd9002b2816?OpenDocumen
文京区 土木部 みどり公園課 緑化係 03-5803-1254	**文京区みどりの保護条例施工規則** l 공공시설 및 민간시설에 대해서 녹화기준을 정하고 있지만, 옥상녹화부분에 대해서는 전체 옥상녹화면적이 5㎡ 이상인 것을 조건으로 녹화대상 면적의 20% 이내를 녹화면적으로 계상할 수 있다. • 2006년 7월 시행예정 http://www.city.bunkyo.lg.jp/reiki/
墨田区 地域振興部 環境担当 環境保全課 緑化推進担当 03-5608-6208	**墨田区良好な建築物と市街地の形成に関する指導要綱** l 사업자는 사업지역 내에 해당 사업지역 면적에 따라 원칙적으로 도로에 접한 비율 기준에 따라 녹지를 정비하도록 한다. 다만, 공개공지에 있어서는 건축물의 용도, 위치, 형태 때문에 녹지를 정비하기 어렵다고 인정되는 경우 설치할 수 있다는 상기 사업지역 면적에 대한 녹지·공개공지 등의 비율 기준은 사업지역면적 1,000㎡ 미만으로, 주택개발사업은 구청장과 협의, 공동주택 건설사업, 원룸맨션 건설사업 및 대규모 건축물 건설사업의 경우에는 0.05 이상. 사업지역면적 1,000㎡ 이상은(1/40,000×사업지역면적)+0.025 이상. 사업지역면적 3,000㎡ 이상은 0.1이상. • 2003년 7월 http://www.city.sumida.lg.jp/kakuka/kyouta/index.html
大田区 まちづくり推進部 環境保全課 環境対策担当 03-5744-1365	**大田区開発指導要綱** l 오오다구 개발지도 요강에 근간을 둔 사업지역면적과 용도지역에 따른 녹화율을 구내 전역에 걸쳐 정하고 있다. 제출된 녹화계획서의 내용심사를 실시한다. 옥상녹화에 대한 특별한 사항은 정해져 있지 않지만, 지상부에서의 녹화가 곤란한 사유가 있어서 지면에서 30cm 이하의 옥상에 식재하는 경우, 식재면적에 3/4을 곱하여 얻은 면적을 녹화면적으로 계상하고 있다. 다만, 식재기반에 수목, 잔디, 다년초 등을 식재하도록 한다. • 2004년 7월 http://www.city.ota.tokyo.jp/koen_ryokuchi/
練馬区 環境まちづくり事業本部 土木部 公園緑地課 緑化推進係 03-3993-1111(내선8364)	**緑化計画(屋上緑化の算入)** l 민간시설에 대해서 녹화기준을 정하고 있지만, 지상에서의 녹화가 곤란한 시설에 있어서 건축기준법상의 건폐율이 80% 이상인 부지로 옥상녹화를 실시한 경우에는 옥상녹화면적의 3/4을 녹화면적에 더할 수 있다. 다만, 녹화기준상 필요한 녹화면적의 1/2이 한도이다. 수목 이외의 잔디밭·양치류 등의 지피식물, 채소·과수류로 이루어진 채소밭, 화초류로 이루어진 화단도 가능하다. http://www.city.nerima.tokyo.jp/koen_ryokuchi/ • 2004년 4월

相模原市 環境保全部 みどり対策課 042-769-8242	**相模原市開発基準条例** ㅣ 건축을 동반한 500㎡ 이상의 개발행위, 1,000㎡ 이상의 부지에서 이루어진 건축행위, 21세대 이상의 주택 신축을 하는 사업을 대상으로, 부지면적에 대해서 일정 비율의 녹화시설정비를 의무화한다. 부담비율은 사업을 하는 지역별로 구분하고 있으며, 시가화 조정지역 20%, 시가화 조정지역 중 근교 녹지 보전지역 30%, 시가화 지역 중 근교 녹지보전지역 20%, 상업지역 및 근교 상업 지역 10%(이중 5% 정도는 옥상녹화 가능), 그 밖의 지역 10%로 되어 있다. • 2006년 4월 시행예정
名古屋市 緑政土木局 緑地部 緑化推進課 052-972-2465	**工場·事業場の緑化協議制度** ㅣ 면적 1,000㎡ 이상의 부지에 있어서 공장, 점포, 업무빌딩 등의 사업용 건축물을 신축, 증축, 개축하는 경우 부지면적의 20%를 녹화하는 것을 의무화하여 건축 확인 신청 전에 녹화계획에 대해서 시와 협의한다. 다만, 용도지역이 상업·근린상업지역인 경우에는 20%를 목표로 녹화하도록 하고 있다. • 1991년 4월 http://www.city.nagoya.jp/kurashi/kankyohozen/siryou/kankyou/
大阪市 ゆとりとみどり振興局 緑化推進部 緑化課 06-6615-0965	**大規模建築物の建設の事前協議制度による緑地の設置** ㅣ (1) 70세대 이상의 주택을 건설할 경우, (2) 건설계획 지역이 2,000㎡ 이상으로 높이 10m 이상인 건축물을 건설할 경우, (3) 총바닥면적이 5,000㎡를 넘고, 층수가 6층 이상인 건축물을 건설할 경우 중 어느 한 가지 조건에 해당될 경우, 건설계획 지역의 3% 이상 녹지를 지상부 에 접한 도로부분에 설치한다. 부득이하게 지상부에서 녹지를 확보하는 것이 곤란한 경우에는 옥상부에 부족한 면적의 2배에 해당하는 면적을 확보하도록 하고 있다. 벽면녹화에 대해서는 평가를 실시하고 있지 않다. • 1974년
大阪市 計画調整局 開発企画部 開発指導課 06-6208-9308	**建築物に付属する緑化指導指針** ㅣ 500㎡ 이상의 부지에 건설되는 민간 건축물을 대상으로 부지면적의 3% 이상(지상 도로에 접한 부분에 중점)을 녹지로서 확보하도록 사전협의를 실시하고 있다. 2002년 4월에 지침의 개정(동년 6월 시행)에 의해 도로에 접한 부분에서의 충분한 녹지 확보가 곤란한 경우에는 건축물의 옥상 및 벽면, 도로에 접한 부분 이외의 지상부에서의 녹지 확보에 노력하고자 옥상 및 벽면부분의 녹지면적을 일정하게 평가함으로써 녹지면적의 증대를 도모하고 있다. • 1992년 10월 http://www.city.osaka.jp/keikakuchousei/goannai/data/f-25.html

2) 녹화에 드는 비용을 융자받는 제도

東京都 産業労働局 金融部 金融課 金融係 03-5320-4876	**特定取組支援融資** ㅣ 「東京における自然の保護と回復に関する条例」의 제출대상이 되는 녹화사업 등을 실시하는 중소기업자 및 조합에 대해 해당 사업에 필요한 자금을 융자한다. 용도 : 운전자금·설비자금, 금액 : 1억엔 이내(조합은 2억원 이내), 이율 : 1.4 이내~2.0% 이내(2005년 10월1일 현재. 4월과 10월에 금리 재평가), 기간 10년 이내(원금거치기간 2년 이내를 포함한다). • 2004년 4월 http://www.sangyo-rodo.metro.tokyo.jp/kinyu/yuushi/index.html
葛飾区 環境部 環境課 環境保全係 03-5654-8237	**屋上緑化·壁面緑化資金融資制度 : 利子補給·保証料補助** ㅣ [융자] 5㎡ 이상의 옥상녹화벽면녹화공사, 설비에 필요한 자금의 융자 알선과 이자와 신용보증료 일부 보조. 500만엔 상한. 연리 2.0%(이자보조 1.4%). • 2002년 4월

3) 녹화에 드는 비용을 보조하는 제도

仙台市 建設局 百年の杜推進部 緑化推進課 022-214-8389	**仙台市建築物緑化助成金交付要綱** ㅣ 옥상·베란다(이하 '옥상 등') 또는 벽면녹화 시에 사업비의 일부를 보조한다. 대상이 되는 것은 센다이시시의 녹화 중점 지구내 및 동 지구에 접한 부지 내의 건물에 대해서 옥상 등 녹화의 경우에는 10㎡ 이상, 벽면녹화는 건물 벽면을 따라서 3m 이상 식재하는 경우이다. 한편, 보조금액은 이하의 단가로 식재면적 또는 식재폭을 곱한 액수와 녹화비용 총액의 1/2 중 적은 금액을 택한다. 다만, 옥상 등 녹화 300만엔, 벽면녹화(식재) 10만엔, 벽면녹화(보조

	자재) 200만엔을 한도로 한다. 단가 : 옥상 등 녹화 5만엔/㎡, 벽면녹화(식재) 천엔/m, 벽면녹화(보조자재) 4천엔/㎡. • 2000년 4월 http://www.city.sendai.jp/kensetsu/100forest/seido/kentiku.html
戸田市 都市計画部 公園緑地課 緑化推進担当 048-441-1800(내선348)	**戸田市建築物屋上等緑化奨励補助金交付要綱** ㅣ [보조금] 건축물의 옥상·벽면·베란다를 녹화하는 경우, 공사비용의 일부를 보조한다. 대상이 되는 옥상은 3㎡ 이상, 벽면은 2㎡ 이상, 베란다는 1㎡ 이상 녹화하는 경우이다. 보조금액은 공사비 1㎡당 단가가 2만엔 미만일 때에는 해당금액을, 2만엔 이상일 때에는 2만엔을 기준액으로 하여 녹화면적을 곱한 금액의 2/3를 보조한다. 다만, 1건당 보조금액의 상한은 50만엔까지이다. • 2003년 4월 http://www.city.toda.saitama.jp/
川口市 都市計画部 みどり課 推進係 048-258-7492	**生け垣設置及び屋上緑化等奨励補助制度** ㅣ 보조대상이 되는 옥상녹화는 시가화지역 내의 건축물 옥상에 고정 기초기반을 사용하여 녹화하며, 녹화면적이 3㎡ 이상일 것. 보조금액은 소요경비의 1/2 또는 2만엔/㎡×시공면적 중 낮은 금액으로 상한 10만엔까지이다. 벽면녹화에 대해서는 시내의 건축물(주택)에 만들어지는 것을 대상으로 공공도로에서 조망할 수 있는 벽면에 설치되며, 길이가 3m 이상으로 일정 수준 이상의 밀도가 있을 것. 1m당 1,000엔을 한도로 총액 2만엔까지이다. 옥상, 벽면 모두 5년 이상 유지관리된 것을 대상으로 하며, 판매 등을 목적으로 한 주택은 불가능하다. 현지 확인 후, 신청서를 제출한다. • 2005년 4월 http://web.city.kawaguchi.saitama.jp/web_p01.nsf/39f1c87d0d44690349256b000025811d/9f04e10b2d94c42849256bd9002b2816?OpenDocument
財団法人緑の基金 047-318-5760	**屋上等緑化推進事業** ㅣ 옥상·베란다·벽면녹화 시에 사업비의 일부를 보조한다. 대상이 되는 것은 옥상 3㎡ 이상, 베란다 1㎡ 이상, 벽면녹화는 담쟁이덩굴 이외의 수목을 식재하여 건축물의 벽면 또는 벽면에 설치한 펜스 등을 피복한 경우이다. 보조금액은 이하의 단가에 녹화면적을 곱한 금액의 1/2 또는 비용 총액의 1/2 중 적은 금액으로 한다. 한도액은 옥상녹화 50만엔, 베란다녹화 20만엔, 벽면녹화 10만엔이다. 단가 : 옥상녹화 3만엔/㎡(수목 등), 5,000엔/㎡(잔디·이끼 등), 베란다녹화 1만엔/㎡, 벽면녹화 5,000엔/㎡이다. • 2005년 4월 http://ichikawashi-midorinokikin.or.jp/zigyou/okuzyoutop.htm
船橋市 都市整備部 みどり推進課 (財)緑の基金 047-436-2557	**屋上緑化助成金交付制度** ㅣ 건축물의 옥상에 3㎡ 이상의 수목을 심을 경우 드는 경비의 1/2(한도 20만엔)을 보조한다. 또한 건축물의 벽면에 2m 이상 연속해서 담쟁이덩굴 등을 심을 경우에 드는 비용의 1/2(한도 5만엔)을 보조한다. • 2003년 8월 http://www.midori-kikin.or.jp/
千代田区 環境土木部 生活環境課 03-3264-2111(내선2845)	**屋上緑化助成金交付制度** ㅣ 옥상녹화, 벽면녹화, 플랜터 정비를 실시할 경우에 사업비의 일부를 보조한다. 보조액은 공사비의 1/2과 기준단가(옥상녹화, 벽면녹화의 경우에는 녹화면적, 플랜터 정비의 경우에는 설치개수로 한다)×보조기준단가(옥상녹화를 2만엔/㎡, 벽면녹화를 5,000엔/㎡, 플랜터 정비를 2만엔/개수) 중 적은 금액으로 한다(한도액 10만엔). • 2003년 2월 http://www.city.chiyoda.tokyo.jp/
中央区 土木部 公園緑地課 緑化推進係 03-3546-5438	**花と緑のまちづくり推進要綱** ㅣ 새롭게 녹지를 조성할 경우, 일정 기준을 충족하면 사업비의 일부를 보조한다. 보조한도액은 50만엔으로 한다. 도로에 접한 부분의 녹화는 2만엔/㎡을 한도로 사업에 필요한 경비의 1/2로 한다. 도로에 접한 부분 이외의 지상부 녹화는 1만엔/㎡를 한도로 하며, 사업에 필요한 경비의 1/2로 한다. 또한 옥상 등 녹화의 경우 옥상은 3만엔/㎡, 벽면은 5,000엔/㎡를 한도로 사업에 필요한 경비의 1/2로 한다. • 1988년 http://www.city.chuo.lg.jp/kurasi/kentiku/hanatomidori/files/014573.pdf

港区 街づくり推進部 土木事業課 緑化推進係 03-3578-2111(내선2331)	**港区屋上等緑化助成** ㅣ 옥상·베란다·벽면녹화 시에 사업비의 일부를 보조한다. 대상 건축물은 부지면적 250㎡ 미만의 신축 및 기존 건축물, 부지면적 250㎡ 이상으로 기초자치단체의 녹화기준을 초과하는 건축물 녹화를 실시한 기존 건축물, 부지면적 1,000㎡ 이상으로 도쿄도의 녹화기준을 초과하는 건축물 녹화를 실시한 기존 건축물이다. 대상이 되는 것은 옥상녹화 3㎡ 이상, 베란다녹화 1.5㎡ 이상, 벽면녹화 10㎡ 이상 녹화한 경우이다. 보조금액은 조성대상 비용의 1/2 또는 이하의 단가에 녹화면적을 곱한 금액 중 적은 금액으로 한다. 다만, 옥상녹화 30만엔, 베란다녹화 15만엔, 벽면녹화 20만엔을 동일 장소에서 신청할 경우 합계금액은 40만엔을 각각 한도로 한다. 단가 : 옥상녹화·베란다녹화 2만엔/㎡, 벽면녹화 15,000엔/㎡. • 2003년 12월 http://www.city.minato.tokyo.jp/kurasi/sumai/su_05.html#8
港区 環境·街づくり支援部 環境課 環境指導係 03-3578-2111(내선2487)	クールルーフ**推進事業** ㅣ 열섬대책을 추진하기 위해 미나토구 외 6개 구(치요다, 쥬오, 신주쿠, 다이토, 시나가와, 메구로) 및 도쿄도가 중심이 되어 시원한 지붕 추진협의회를 설립하였다. 협의회는 옥상녹화나 고반사율 도료를 실시하는 민간건축물의 소유자에게 그 비용의 일부를 보조하는 시원한 지붕 추진사업을 실시함과 동시에 건축물의 지붕·옥상 등에 있어서 피복대책 보급을 실시한다. 사업 모집에 대해서는 관련 기초단체 및 광역자치단체의 홍보지 등에 게재할 예정이다. • 2005년 7월 협의회 설립
文京区 土木部 みどり公園課 緑化係 03-5803-1254	**文京区屋上等緑化補助金交付要綱** ㅣ 옥상녹화 및 베란다녹화는 연속해서 5㎡ 이상 녹화해야 하며, 그 면적의 50% 이상이 수목인 것을 대상으로, 녹화에 드는 비용의 1/2에 해당하는 금액 또는 녹화면적 1㎡당 2만엔으로 산출한 금액 중 낮은 금액으로 한다. 벽면녹화는 보조자재를 사용하여 높이가 3m 이상이고 면적이 10㎡ 이상인 것을 대상으로 녹화에 드는 비용의 1/2에 해당하는 금액 또는 면적 1㎡당 만엔으로 산출한 금액 중 낮은 금액으로 한다. 교부하는 보조금의 한도액은 합계 40만엔으로 한다. • 2006년 4월 시행예정 http://www.city.bunkyo.lg.jp/kusei/kouen/index.html
目黒区 都市整備部 みどりと公園課 03-5722-9359	**目黒区みどりのまちなみ助成** ㅣ 부지면적 1,000㎡ 미만의 주택, 맨션 등에 새롭게 3㎡ 이상 녹화한 경우에 보조한다. 다만, 녹화공사를 하기 전에 신청이 필요하다. 옥상녹화(베란다녹화를 포함)는 건물의 옥상에 수목이나 초화류·잔디 등으로 식재하며, 플랜터가 아닌 것에 대해 2만엔/㎡, 한도액 40만엔, 해당 경비의 1/2 중 적은 금액을 보조한다. 벽면녹화는 도로에 접한 부분을 덩굴류로 녹화한 것에 대해 5,000엔/㎡, 한도액 10만엔, 해당경비의 1/2 중 적은 금액을 보조한다. 사전에 협의한 결과 지상 녹지가 곤란하고 기초자치단체가 인정한 경우에만 부지의 의무적인 녹화 면적에 계상할 수 있다. • 2002년 6월 http://www.city.meguro.tokyo.jp/midori/grant/roof.htm
台東区 都市づくり部 公園緑地課 緑化推進担当係 03-5246-1323	**台東区屋上緑化等助成金制度** ㅣ 부지면적 1,000㎡ 미만의 기존 건물, 부지면적 300㎡ 미만의 신축·증축 건물로 녹화면적 2㎡ 이상의 옥상녹화 또는 벽면녹화를 대상으로 한다(옥상녹화의 경우 지붕이 없는 베란다도 대상이 되지만, 플랜터 등 이동할 수 있는 것은 대상에서 제외한다). 옥상녹화에 대해서는 보조대상 녹화면적에 1만엔/㎡를 곱하여 얻은 금액과 녹화공사비의 1/2 금액 중 적은 금액(한도액 40만엔)을 보조한다. 벽면녹화에 대해서는 보조대상 녹화면적에 5,000엔/㎡를 곱하여 얻어진 금액과 녹화공사비의 1/2 금액 중 적은 금액(한도액 20만엔)을 보조한다. • 2003년 10월 http://www.city.taito.tokyo.jp/
墨田区 地域振興部 環境担当 環境保全課 緑化推進担当 03-5608-6208	**墨田区屋上緑化整備補助金交付要綱** ㅣ 보조금은 예산 범위 내에서 건축물의 옥상 등(상부에 지붕이 있는 경우는 제외한다)에 설치된 녹지면적에 1만엔/㎡(1㎡미만은 버림)을 곱하여 얻은 금액과 해당 공사에 필요한 비용의 1/2 금액(10,000엔 미만은 버림) 중 적은 금액(한도액 40만엔)을 보조한다. • 2003년 7월 http://www.city.sumida.lg.jp/sumida_info/kankyou_hozen/midori/

江東区 土木部 水辺と緑の課 みどりの係 03-3647-2079	**江東区みどりのまちなみ緑化助成制度** ㅣ 고토구의 녹화지도 대상이 아닌 건축물이나 건물의 녹화에 관한 기준 도입 전의 기존 건축물을 대상으로 새롭게 옥상에 식재지를 조성하여 녹화하는 경우, 총액 30만엔을 한도로 공사비의 반액을 보조한다. 토양의 두께 30cm 이상의 식재기반을 조성할 경우에는 3만엔/㎡, 토양의 두께 30cm 미만인 경우에는 15,000엔/㎡, 벽면녹화의 경우에는 벽면에 유인자재를 설치하는 것을 조건으로 5,000엔/㎡, 이들 금액을 상한으로 1/2을 보조한다. 시공주는 사전에 신청하여 보조 결정 후 공사를 실시하고, 완료 검사 후 보조금을 받는다. • 2003년 4월 http://www.city.koto.lg.jp/seikatsu/douro/7486/
品川区 まちづくり事業部 道路公園課 みどりの係 03-5742-6799	**品川区屋上緑化等助成制度** ㅣ 시나가와구 내의 민간 건축물(기존, 신축 모두)의 옥상, 베란다, 벽면 등에 1㎡(플랜터의 경우에는 100L 이상)의 녹화를 실시한 경우에 보조한다(한도액 30만엔). 다만, 시나가와구 녹음 조례에 의무화되어 있는 것에 대해서는 기준을 초과하는 부분에 대해서만 보조한다. • 2002년 10월 http://www.city.shinagawa.tokyo.jp
杉並区 都市整備部 みどり公園課 みどりの事業係 03-3312-2111	**杉並区屋上·壁面緑化助成金交付要綱** ㅣ 녹지의 보호와 육성을 적극적으로 추진하여 열섬현상 및 도시형 수해 등의 도시환경을 완화하고 윤택한 공간을 창출하기 위해 옥상 및 벽면녹화 추진을 목적으로 한다. 옥상·베란다·벽면녹화 시에 공사비 일부를 보조한다. 옥상녹화(베란다를 포함), 벽면녹화 모두 3㎡ 이상 녹화하는 경우이다. 벽면녹화는 건축물 벽면에 펜스 등을 설치하여 덩굴성 식물 등으로 녹화하는 경우이다. 한편 보조금액은 다음과 같은 단가에 녹화면적을 곱한 금액과 녹화비용 총액의 1/2 금액 중 적은 금액으로 한다. 단가는 옥상 2만엔/㎡, 벽면 5,000엔/㎡이다. 한도액은 100만엔(두 가지를 겸한 경우도 같다)이다. • 2002년 10월 http://www2.city.suginami.tokyo.jp/guide/guide.asp?n1=80&n2=600&n3=350
豊島区 土木部公園緑地課 花とみどりの係 03-3981-4940	**豊島区屋上緑化助成金交付要綱** ㅣ 옥상이나 베란다를 수목이나 잔디 등으로 녹화하는 경비를 보조한다. 다만, 플랜터 등에 의한 녹화나 조례 등에 녹화 의무 대상인 경우에는 대상에서 제외한다. 녹화 전에 신청이 필요하다. 녹화면적에 만엔/㎡을 곱한 금액이나 공사비의 1/2 중 적은 금액을 보조한다. 한도액은 40만엔까지이다. • 2001년 4월
北区 生活環境部 環境課 環境緑化係 03-3908-8618	**北区都市建築物緑化促進事業助成金交付要綱** ㅣ 옥상·베란다·벽면녹화 시에 사업비의 일부를 보조한다. 대상이 되는 것은 옥상녹화 3㎡ 이상, 베란다녹화 1㎡ 이상 식재하는 경우이다. 벽면녹화는 건축물 벽면에 펜스 등을 설치하고 덩굴식물 등으로 녹화하는 경우이다. 또한 보조액은 다음과 같은 단가에 녹화면적을 곱한 금액의 1/2과 녹화비용 총액의 1/2 중 적은 금액으로 한다. 다만, 옥상녹화 100만엔, 베란다녹화 20만엔, 벽면녹화 20만엔을 한도로 한다. 단가 : 옥상녹화 2만엔/㎡, 베란다녹화 2만엔/㎡, 벽면녹화 5,000엔/㎡. • 1993년 4월 http://www.city.kita.tokyo.jp/
板橋区 土木部 みどりと公園課 みどりの係 03-3579-2533	**板橋区民間施設緑化助成要綱** ㅣ 신규 옥상녹화(건축물의 옥상이나 지붕이 없는 베란다에 식재지를 4㎡ 이상 정비하여 수목이나 잔디 등을 식재한 것)의 관련된 기반의 정비 및 식재공사 비용에 대해서 2만엔의 표준공사 단가에 녹화정비 수량을 곱한 금액과 실제 공사비 중 적은 금액에, 1/2을 곱하여 얻은 금액 이내를 보조한다(한도액 40만엔). • 2005년 4월 http://www.city.itabashi.tokyo.jp/midori/
練馬区 環境まちづくり事業本部 土木部 公園緑地課 緑化推進係 03-3993-1111(내선8364)	**屋上緑化助成** ㅣ 민간 건축물 옥상에 새롭게 녹화공간을 창출하는 사업에 대해서 경비의 일부를 보조한다. 대상이 되는 것은 녹화구획면적 1㎡ 이상이다. 보조금액은 소요경비의 1/2, 또는 단가 2만엔/㎡에 녹화구획의 면적을 곱하여 얻은 금액 중 적은 금액으로 한다. 다만, 1건당 40만엔을 한도로 한다. • 2005년 4월
葛飾区 環境部 環境課	**葛飾区屋上緑化等補助金交付要綱** ㅣ [보조금] 건축물을 지을 부지면적이 1,000㎡ 미만으로 옥상·베란다·벽면에 새롭게 2㎡ 이상 녹화하는 경우에 사업비 일부를 보조한다. 보조금액은 옥상·베란다녹화의 경우 10,000엔/㎡, 벽면녹화의 경우

緑化推進係 03-5654-8239	5,000엔/㎡, 또는 보조대상 공사비의 1/2 중 적은 금액. 다만, 옥상·베란다·벽면녹화를 합쳐서 30만엔을 한도로 한다. • 2005년 6월
昭島市 環境部 環境課 水と緑の係 042-544-5111	**昭島市屋上緑化造成事業補助金交付要綱** ㅣ 건축물 옥상에 녹화시설을 조성하는 경우 보조한다. 보조액 : 40만엔을 상한으로 [(수목식재=5만엔 이내/㎡, 기타 식재=18,000엔 이내/㎡)×시공구획면적]과 옥상녹화시설 공사비의 1/2 중 적은 금액. 보조대상사업 : ① 시내에 새롭게 조성되는 옥상녹화시설인 경우. ② 옥상녹화면적이 3㎡ 이상인 경우. 옥상녹화시설 공사비는 방근, 관수, 배수시설 등 기반정비에 필요한 경비 및 토양, 수목 등 구입에 필요한 경비와 식재비 등을 포함한다. • 2002년 5월http://www.city.akishima.tokyo.jp/
横浜市 環境創造局 環境活動事業課 045-671-3447	**横浜市屋上緑化等助成事業要綱** ㅣ 옥상·벽면녹화 시에 설치비의 일부를 보조한다. 대상이 되는 것은 건축물 부지의 용도지역이 상업지역·근린상업지역이며, 면적은 옥상과 벽면의 합계 10㎡ 이상이다. 옥상녹화는 원칙적으로 수목으로 하며, 초화류는 3/5까지 사용 가능하다. 벽면녹화는 덩굴식물. 한편, 보조금액은 대상 경비의 1/2이다. 다만, 녹화공사비를 3만엔/㎡으로 산출한 금액 또는 1건당 50만엔 중 적은 금액을 상한으로 한다. • 2004년 4월 http://www.city.yokohama.jp/me/kankyou/area_green/okujyou/
川崎市 環境局 緑政課 044-200-2380	**屋上緑化等助成事業** ㅣ 건물의 옥상·벽면을 이용하여 녹화를 계획하는 시민이나 사업자에게 경비의 1/2을 보조한다. 대상이 되는 것은 옥상녹화의 경우 건물 옥상을 3㎡ 이상, 벽면녹화의 경우 건물 벽면을 따라 폭 5m 이상 또는 3㎡ 이상을 녹화하는 경우이다. 다만, 옥상녹화의 경우에는 녹화면적 1㎡당 2만엔 이내, 총액 100만엔 이내, 벽면녹화의 경우에는 식재폭 1m(1㎡)당 2만엔 이내 총액 50만엔 이내이다. 녹화추진 중점지구(가와사키역 주변지역·코스기지역·신유리가오카지역)의 경우 및 재활용재를 주로 사용한 경우에 있어서는 보조액을 20% 증가한다. • 2003년 4월 http://www.city.kawasaki.jp
横須賀市 都市部 景観推進課 046-822-8377	**民有地緑化推進助成制度** ㅣ 도로·주차장에 접한 길이 2m 이상의 생울타리·벽면녹화를 실시할 경우, 사업비의 일부를 보조한다. 생울타리의 경우에는 생울타리용 묘목, 벽면녹화의 경우에는 벽면녹화용 묘목을 지급한다. 또한 생울타리 식재의 경우에는 생울타리를 조성하기 위한 블록담 철거공사비의 4/5를 보조한다. • 1994년 4월
逗子市 環境部 緑政課 緑政係 046-873-1111	**壁面緑化助成制度** ㅣ 벽면녹화 시에 사업비의 일부를 보조한다. 대상이 되는 것은 도로 등에서 보이는 건축물의 벽면녹화로 덩굴식물 등으로 3㎡ 이상 녹화하는 경우이다. 한편 보조금액은 시공에 필요한 비용의 1/2을 지급한다. 다만, 한도액 10만엔, 상업빌딩, 공동주택에 대해서는 30만엔을 한도로 한다. 단가에 대해서는 5,000엔/㎡ 이내로 한다. • 2002년 4월 http://www.city.zushi.kanagawa.jp
相模原市 環境保全部 みどり対策課 042-769-8242	**屋上緑化促進事業** ㅣ 옥상·벽면녹화에 대해서 사업비의 일부를 장려금으로 지급한다. 장려금액은 장려 단가에 녹화면적을 곱하여 얻은 금액과 대상 경비의 1/2 중 적은 금액으로 한다. 장려 단가는 옥상녹화의 경우 2만엔/㎡, 벽면녹화의 경우 만엔/㎡이다. 다만, 개인 주거용으로 이용되는 건축물의 경우, 건축물의 옥상이나 벽면을 3㎡ 이상 녹화해야 하며, 장려 한도액은 20만엔이다. 공동주택 또는 점포, 공장 등의 사업용으로 이용되는 건축물의 경우, 건축물의 옥상이나 벽면을 10㎡ 이상 녹화해야 하며, 장려 한도액은 50만엔이다. • 2005년 5월
厚木市 都市整備部 公園緑地課 046-225-2411	**屋上緑化推進事業** ㅣ 아츠기시역 주변과 아이코이시다역 주변의 중심 시가지(약 200ha와 약 4.8ha)에 위치한 맨션이나 호텔, 백화점 등의 건물 옥상이 대상이다. 방수, 방근, 토양 등의 식재기반공사 및 수목·잔디 등의 식재공사(플랜터, 벤치 등의 구조물 설치는 대상에서 제외) 비용 중 녹화면적에 5만엔/㎡를 곱한 금액의 1/2이나 공사비 실비의 1/2 중 적은 금액을 보조한다(한도액 100만엔). 다만 녹화면적이 20㎡ 이상인 것에 한정한다. • 2003년 6월 http://www2.city.atsugi.kanagawa.jp

金沢市 都市整備局 緑と花の課 076-220-2356	**金沢市屋上等緑化助成金交付**(2006년 4월 시행예정 내용) ㅣ 시가화지역 내 민간시설의 옥상녹화·벽면녹화에 필요한 경비의 1/2을 보조한다. 다만, 1㎡당 경비는 옥상녹화의 경우 5만엔을, 벽면녹화의 경우 5,000엔을 상한으로 하며, 보조금 총액은 50만엔을 넘지 않도록 한다. 또한 모두 상록식물 위주로 식재할 것, 옥상녹화는 3㎡ 이상을 식재하여 녹화면적의 30% 이상 녹피율을 확보할 것, 적정한 유지관리를 실시할 것 등이 조건이 된다. • 2000년 6월
岐阜市 (財)岐阜市みどりのまち 推進財団 058-262-6538	**屋上緑化奨励補助制度** ㅣ 3㎡ 이상의 건축물 옥상녹화와 더불어 식재 가능한 옥상면적에 대해서 녹피율이 30% 이상인 녹화를 실시할 경우, 사업비의 일부를 보조한다(해당 식재지가 판매목적으로 조성된 경우가 아닌 것을 조건으로 한다). 보조금액 : (시공사업비÷시공면적)이 5만엔 미만인 경우에는 사업비를, 5만엔 이상인 경우에는 5만엔×시공면적의 2/3를 보조금액으로 한다(한도액 50만엔). • 2001년 4월
多治見市 都市計画部 農と緑と公園の課 0572-22-1111 (내선1384~1386)	**民有地緑化助成制度** ㅣ [보조금] 사유지 녹화 전반에 활용 가능한 제도로, 옥상·벽면녹화에도 적용 가능하다. 부지면적에 대해서 20% 이상의 녹화를 새롭게 실시하는 자에 대해서 녹화와 관련된 비용 중 지정 수종 혹은 모종 구입비(상한 10만엔)를 보조한다. 대상지역은 도시계획법상 상업지역 혹은 실행계획 책정이 끝난 녹화중점지역이다. 부지 외부로부터 조망 등 시민에게 이익이 있는 것을 조건으로 한다. 원칙적으로 응모순이다. 사전에 식재계획도 등을 제출한다. • 2005년 4월 http://www.city.tajimi.gifu.jp/midori/index.html
三島市 まちづくり部 水と緑の課 水と緑の係 055-983-2642	**三島市屋上等緑化事業補助金** ㅣ 옥상, 벽면녹화사업을 실시하는 자에 대해서 보조금을 지급한다. 대상이 되는 것은 옥상녹화로, 시내 건축물(국가·지방 공공단체 외의 공공단체가 소유하거나 또는 관리하는 건축물 제외)에 1㎡ 이상의 녹화구획을 설치하는 경우이다. 벽면녹화는 시내 건축물의 벽면을 녹화하는 경우이다. 보조금액은 보조대상 경비 금액과 기준액 4만엔/㎡에 녹화면적을 곱하여 얻어진 금액을 비교하여 둘 중 적은 금액의 1/2 이내로 하며, 100만엔을 한도로 산정하여 얻어진 금액이 된다. • 2002년 3월 http://www.city.mishima.shizuoka.jp/mizutomidori/
名古屋市 緑政土木局 緑地部 緑化推進課 052-972-2465	**名古屋緑化基金建築物等緑化助成制度** ㅣ 시가화지역 내에 있어서 건축물 등의 옥상, 벽면의 녹화사업을 실시하는 경우, 사업비의 1/2을 보조한다. 옥상녹화의 경우, 개인용은 3㎡ 이상, 사업용인 경우에는 10㎡ 이상이고 또한 옥상면적의 20% 이상을 녹화하는 것이 조건이며, 보조 상한액은 개인용의 경우에는 25만엔, 사업용인 경우는 50만엔으로 어떠한 경우나 보조단가는 2만엔/㎡이다. 벽면녹화의 경우에는 개인용은 5m 이상, 사업용은 10m 이상 덩굴성 식물을 식재할 필요가 있으며(3그루/m), 유인자재를 사용한 녹화의 경우, 보조 상한액은 개인용 25만엔, 사업용 50만엔, 보조단가는 3만엔/㎡이다. • 2002년 4월 http://www.nga.or.jp/machizukuri/shousai.htm
岡崎市 土木建設部 公園緑地課 0564-23-6399	**岡崎市屋上等緑化事業奨励補助金交付制度** ㅣ 시가화지역 내에 있어서 새롭게 건물 옥상에 상록수 또는 지피식물 위주로 면적 3㎡ 이상(이 중 30% 이상을 수목)을 식재하는 경우, 또는 건물 벽면에 상록 덩굴성 식물 위주로 한 면적 3㎡ 이상 식재하는 경우, 구입·설치비용(옥상녹화는 5만엔/㎡, 벽면녹화는 만엔/㎡을 한도로 한다)의 2/3를 보조한다(한도액 50만엔). • 1995년 4월 http://www.city.okazaki.aichi.jp/yakusho/ka4030/ka450.htm
小牧市 建設部 都市整備課 花と緑推進係 0568-76-1191	**屋上等緑化奨励事業補助金制度** ㅣ 시가화지역 내에서 새롭게 옥상 또는 벽면을 녹화할 개인, 기업에게 보조금을 지급한다. 보조대상이 되는 경비는 옥상녹화의 경우 녹화구획 조성 및 관수시설 등의 공사, 토양 및 수목 등의 식재에 드는 비용의 1/2이다. 다만, 시공면적 1㎡당 2만엔을 한도로 하며, 한도액은 50만엔이다. 벽면녹화에서는 덩굴성 식물 등의 구입, 식재 및 유인자재 설치에 드는 비용의 1/2이다. 다만, 시공면적 1㎡당 만엔을 한도로 하며, 한도액은 50만엔이다. • 2004년 4월 http://www.city.komaki.aichi.jp/gaiyou/toshiseibi/index.htm

京都府
自然・環境保全室
075-414-4706

みどりの屋根づくり推進事業 | 교토부 지구온난화대책 조례의 「건축물 등의 녹화 의무화(建築物等の緑化義務化)」 공포를 통해 널리 주민의 이해를 얻어, 충분한 보급을 도모하기 위해 주민 참여에 의한 옥상녹화의 모범적 대응에 대해 지원을 실시하여, 옥상녹화 사례로서 보급에 활용한다. 보조방법 : 주민이 이용하는 민간시설(보육원이나 복지시설 등)에 있어서 옥상녹화의 사업계획을 공모하여 주민 참여에 의한 모범적 대응을 선정하여 보조한다. (보조율 : 정비비용의 1/2 이내).

• 2006년 4월 시행예정

京都市
建設局
水と緑環境部
緑政課
緑化推進係
075-222-3589

建築物緑化助成事業(案) | 옥상 및 벽면녹화 시에 사업비의 일부를 보조한다. 대상이 되는 것은 교토시가 정한 녹화중점지구 내에 주소지나 혹은 사업소를 가진 자가 하는 행위로 옥상녹화에 대해서는 5㎡ 이상, 벽면녹화에 대해서는 공용 도로에서 잘 보이는 부분에 5m 이상 그리고 3그루/m 이상을 식재하는 경우로 한다. 한편 보조액은 다음과 같은 단가에 녹화면적(또는 녹화폭)을 곱한 금액과 녹화비용의 1/2중 적은 금액으로 한다. 다만, 옥상녹화는 50만엔, 벽면녹화는 25만엔을 한도액으로 한다. 단가는 옥상녹화 2만엔/㎡, 벽면녹화는 5,000엔/m(식재), 5,000엔/㎡(유인자재)이다.

• 2006년 4월 시행예정

http://www.city.kyoto.jp/kensetu/ryokusei

大阪府
環境農林水産部
みどり・都市環境室
自然みどり課
緑化推進グループ
06-6941-0351(내선2744)

みどりづくり推進事業 | 시가화지역 내 공개성이 있는 민간시설에서 실시하는 녹화에 대해 보조한다. 보조금액은 보조대상 경비의 1/2 이내로 상한은 300만엔이다. 보조대상이 되는 경비는 식재경비(수목 등의 식재비・토양개량에 필요한 공사비 등)와 기반정비비(관수시설・벤치 등의 부대시설 설치비 등)이다. 다만, 기반정비비는 식재경비의 1/2 이내이다. 옥상녹화의 방수에 대해서는 기존 시설을 녹화하는 경우에만 식재경비에 포함하며, 신축인 경우에는 보조대상에서 제외한다. 보조여부는 심사회에서 심사를 거쳐 결정한다.

• 1985년 4월

http://www.pref.osaka.jp/midori/midori/josei/index.html

大阪市
ゆとりとみどり振興局
緑化推進部
緑化課
06-6615-0965

敷地・生け垣等緑化, 建造物緑化への助成 | 공공도로에 접한 사유지 및 민간 건축물 벽면, 민간 건축물 옥상 등 녹화사업을 촉진하기 위해 경비의 1/2 이내, 200만엔을 한도로 하여 보조한다. 보조대상 경비는 식물재료, 식재, 객토, 지주, 녹화구획 조성, 배수 및 관수시설 등의 공사에 필요한 경비이다. 보조금 신청은 녹화사업을 실시하는 자가 녹화 공사 전에 신청서를 작성하여 심사를 거쳐 보조내용을 결정하며, 공사 완료 후 검사를 거쳐 보조금을 교부한다. 또한 조성 후 수목의 양호한 유지관리를 실시하며 5년간은 이식하지 않는다.

• 1991년 7월

兵庫県
県土整備部
まちづくり局
都市政策課
緑化計画係
078-362-3563

都市緑化促進事業助成金 | 도시계획법 규정에 따른 용도지역 내에 위치한 건축면적 500㎡ 이상의 건축물에 대해서 이용 가능한 옥상면적의 20% 이상(최저 100㎡ 이상) 면적을 옥상이나 벽면, 베란다 등을 이용하여 건축물 녹화를 도모하기 위한 사업을 대상으로 한다. 신설인 경우에는 관리 측면에서 허용할 수 있는 범위 내에서 공개성을 갖는 시설일 것. 사회복지, 의료, 교육시설 등은 건축면적에 대한 조건이 없다. 보조액은 식재에 드는 비용 및 관수장치 등의 비용의 1/3이다.(보조상한 : 200만엔)

• 2002년 7월

http://web.pref.hyogo.jp/tosisei/

岡山市
財団法人 岡山市公園協会
緑化推進課
086-262-9588

屋上緑化奨励事業 | 옥상녹화 시에 사업비의 일부를 보조한다. 대상이 되는 것은 폭 6m 이상의 공공도로에 접한 부지에 위치한 건축물 옥상 및 테라스를 목본류, 다년생 덩굴식물 및 다년생 지피식물로 5㎡ 이상(컨테이너 녹화의 경우에는 1개당 0.3㎡ 이상) 녹화하는 경우이다. 다만, 가설녹화는 대상으로 하지 않는다. 보조금액은 녹화경비의 1/2에 해당하는 금액이며, 한도액은 20만엔이다.

• 1984년 10월

http://www.okayama-park.or.jp

岡山市
財団法人 岡山市公園協会
緑化推進課

壁面緑化奨励事業 | 벽면녹화 시에 사업비의 일부를 보조한다. 대상이 되는 것은 공공도로에 접한 블록담장이나 건축물 벽면을 덩굴식물(다년생)로 폭 5m 이상 녹화하는 경우로, 식재방법은 1m당 5그루 이상인 경우이다. 다만, 한쪽 벽면에 대해서 1

086-262-9588	회로 한정한다. 한편 보조금액은 1,500엔/m이며, 한도액은 3만엔으로 한다. • 2001년 4월 http://www.okayama-park.or.jp
広島市 (財)広島市動植物園·公園協会 緑化管理部 緑化推進課 082-228-0815	**民有地緑化事業補助金制度** ǀ (재)히로시마 동식물원·공원협회에서 히로시마 시장이 인정한 녹화시설정비계획에 근거한 공사와 관련된 식물, 토양, 비료, 식재 및 관수설비에 필요한 경비 등에 대해 예산범위 내에서 해당 비용의 1/2을 보조한다(한도액 200만엔). • 2002년 4월 http://www.city.hiroshima.jp/www/contents/0000000000000/1143179443057/index.html
下関市 都市整備部 公園緑地課 管理係 0832-31-1933	**屋上等緑化推進事業**について ǀ 시가화지역 내 건물의 옥상·벽면·베란다녹화 시에 사업비의 일부를 보조한다. 대상이 되는 것은 옥상녹화 3㎡ 이상, 벽면녹화 3㎡ 이상, 베란다녹화 1㎡ 이상 식재하는 경우이다. 다만, 쉽게 제거 또는 이동 가능한 플랜터 등의 설치는 대상에서 제외된다. 보조금액은 대상사업에 필요한 총비용의 1/2로 한다. 다만, 보조금 지급 최고액은 20만엔, 최저액은 5천엔으로 한다. 또한, 설치 후 5년간은 보전에 노력해야 한다. • 2005년 7월 http://www2.city.shimonoseki.yamaguchi.jp
北九州市 建設局 公園緑地部 緑政課 093-582-2466	**北九州市水と緑の基金' 緑化助成制度** ǀ 도시계획법의 상업지역 및 근린상업지역에 포함된 구역 내 혹은 공립이 아닌 학교·보육원·각종 양호시설의 부지 등에서 새롭게 길이 5m 이상의 생울타리 설치 및 벽면녹화를 실시할 경우, 5㎡ 이상의 수목 등의 식재를 실시할 경우 및 2.0㎡ 이상의 화단 등을 설치할 경우 사업비의 1/3을 보조한다(한도액 15만엔). 다만, 보조는 부지당 1회에 한한다. • 1986년 10월 http://www.city.kitakyushu.jp/%7Ekensetsu/green/pd03.html
福岡市 都市整備局 公園緑地部 緑化推進課 緑化推進係 092-711-4424	**福岡市屋上緑化助成制度** ǀ 녹화중점지구(시가화지역) 내 부지면적 500㎡ 이상인 사유지에 대해서 부지면적의 20% 이상 녹화(외부구조체, 옥상을 포함)를 실시한 경우, 옥상과 관련된 녹화시설 사업비 2만엔/㎡을 상한으로 사업비의 1/2에 해당하는 금액을 보조한다(한도액 100만엔). • 2002년 4월 http://www.city.fukuoka.jp
(財)福岡市森と緑のまちづくり協会 森と緑課 推進係 092-822-5832	**総合緑化助成制度** ǀ 시가화지역 내 부지면적 500㎡ 미만의 사유지에 위치한 기존 건축물의 소유자가 부지면적의 30% 이상을 녹화하는 경우에 보조한다. 보조금액은 대상녹화사업 평가액(옥상녹화 2만엔/㎡, 주차장녹화 9천엔/㎡, 벽면녹화 3천엔/m, 생울타리 8천엔/m, 화단 8천엔/㎡)의 1/2이다. 보조 상한액은 20만엔이다. • 2004년 10월 http://www.mori-midori.com
長崎市 道路公園部 みどりの課 095-829-1171	**長崎市緑化基金補助金制度** ǀ 사유지의 건물 옥상 등(옥상 혹은 발코니, 인공지반 등을 말한다)에 식재면적 2㎡ 이상의 녹화를 실시하는 경우이다. 보조금액은 보조대상 사업비의 1/2 이내로 하며, 또한 식재면적 14,000엔/㎡을 넘지 않는 범위로 한다(한도액 20만엔). • 2001년 4월 http://www1.city.nagasaki.jp/ryokka/
熊本市 環境保全局 環境保全部 緑保全課 096-328-2352	**熊本市屋上等緑化補助金交付要綱** ǀ 구마모토시 중심시가지 활성화 기본계획 구역 내 옥상·베란다·벽면녹화 시에 사업비의 일부를 보조한다. 대상이 되는 것은 옥상녹화 3㎡ 이상, 베란다녹화 1㎡ 이상 식재하는 경우이다. 벽면녹화에서는 덩굴식물로 건축물 등의 벽면을 3m 이상 녹화하는 경우이다. 한편 플랜터를 사용하는 경우에는 100L 이상의 경우에 적용한다. 보조금액은 대상이 되는 공사비의 2/3이다. 다만, 옥상·베란다녹화에 대해서는 경비가 10만엔/㎡을 넘는 경우에는 10만엔에 녹화면적을 곱한 금액의 2/3로 하며, 한도액은 100만엔이다. 벽면녹화에 대해서는 경비가 1만엔/㎡을 넘는 경우에는 만엔에 녹화면적을 곱한 금액의 2/3로 하며, 한도액은 20만엔으로 한다. • 2002년 10월

熊本県菊陽町 商工振興課 商工振興係 096-232-2165	**生垣等設置奨励補助金制度** ㅣ 도로에 접한 생울타리 및 벽면녹화를 실시할 경우에 사업비의 일부를 보조한다. 생울타리의 경우에는 사업비의 50%를 보조하며, 벽면녹화의 경우에는 1,000엔/m까지로 한다(한도액 5만엔). • 1993년 4월
大分市 都市計画部 公園緑地課 緑化計画係 097-534-6111(내선1832)	**活き粋大分街かど空間奨励事業** ㅣ **벽면녹화사업** ① 녹화중점지구 내 건물 벽면을 따라 설치되는 경우에 한한다. ② 식재폭은 연속 5m 이상이며, 상록 덩굴식물일 것. ③ 식재 그루수는 1m당 5그루 이상일 것. 보조금액은 보조대상 경비의 5/10로 한다. 다만, 식재폭 1m당 1,000엔 이내, 1건당 10만엔을 한도로 한다. **옥상녹화사업** ① 녹화중점지구 내 옥상에 설치되는 경우에 한한다. ② 상록 수목 또는 지피식물을 위주로 하여 녹화면적이 1㎡ 이상일 경우이다. 다만, 쉽게 제거할 수 있는 경우 또는 이동 가능한 플랜터 등의 설치에 따른 것은 대상에서 제외한다. 보조금액은 보조대상 경비의 5/10로 한다. 다만, 식재면적 1㎡당 14,000엔 이내, 1건당 20만엔 이내를 한도로 한다. • 2002년 4월 http://www.city.oita.jp/cgi-bin/odb-get.exe?WIT_template=AC020000&WIT_oid=icityv2::Contents::7176
宮崎市 都市整備部 都市景観課 0985-21-1817	**民間施設緑化推進事業補助** ㅣ 신축시에 부지가 1,000㎡를 넘는 것에 대해서 일정 기준 이상의 녹화를 의무화하며, 공사비의 1/2 이내를 보조한다(한도액=옥상녹화를 포함 : 50만엔, 미포함 : 20만엔). • 2003년 4월
宮崎市 (財)宮崎市花のまちづくり公社 0985-21-1872	**緑化空間創出事業補助** ㅣ 이하 공사비의 1/2 이내를 보조한다. ① 단독주택 전용 건물의 생울타리 녹화(한도액 10만엔), 벽면녹화(한도액 5만엔) ② 단독주택 전용 건물 이외의 민간시설 녹화(한도액=옥상녹화를 포함 : 50만엔, 미포함 : 20만엔). • 2005년 4월
那覇市 建設管理部 花とみどり課 緑化グループ 098-951-3225	**那覇市屋上緑化助成制度** ㅣ 시민이 옥상녹화를 설치할 경우에 사업비의 일부를 보조한다. 【대상】 옥상녹화공사→식재면적 3㎡ 이상, 플랜터류 설치→총면적 1㎡ 이상, 덩굴 등의 식재→펜스, 퍼걸러, 보조자재 설치공사 【보조금액】 다음과 같은 단가에 녹화면적을 곱한 금액과 녹화비용 총액의 50% 중 적은 금액으로 한다. 다만, 옥상녹화공사 30만엔, 플랜터류 설치 비용 및 덩굴식물 식재공사 10만엔을 한도로 하며, 보조액 총액은 30만엔을 상한으로 한다. 단가 : 옥상녹화공사 4,000엔/㎡, 플랜터류 설치 및 덩굴식물 식재공사 2,000엔/㎡ • 2003년 4월

4) 녹화에 드는 세금을 감면하는 제도

川口市 都市計画部 みどり課 推進係 048-258-7492	**緑化施設整備計画認定制度** ㅣ 도시녹화법에 근거한 녹화시설의 정비계획 중 일정기준을 충족하는 것으로서 시장으로부터 인정을 받은 것에 대해서 해당 녹지시설정비 후 감가상각 자산을 객체로 하여 과세되는 부동산세를 5년분에 한해 1/2로 줄여준다. 인정 대상은 녹화중점지구 내 위치한 건축물로 부지면적이 1,000㎡ 이상이며, 부지면적의 20% 이상을 녹화한 경우이다. 녹화면적에는 지상의 녹화면적 외에 옥상녹화, 벽면녹화도 계상 가능하다 (2007년 3월 31일까지 신설된 취득가격이 200만엔 이상인 것에 한한다). • 2002년 4월 http://web.city.kawaguchi.saitama.jp/ka/web_p01.nsf/39f1c87d0d44690349256b000025811d/9f04e10b2d94c42849256bd9002b2816?OpenDocument
横浜市 環境創造局 環境活動事業課 045-671-3447	**緑化施設整備計画認定制度(都市緑地法)** ㅣ 도시녹지법에 근거한 녹화시설정비계획 인정제도에 대해서 실시한다. 대상지역은 옥상녹화 등 추진지구(=시가화지역 전체) 인정기준은 동법 제61조, 지원조치는 지방세법 부칙 제15조 제12항에 따른다. • 2006년 2월

5) 건축물의 용적률 완화·할증을 하는 제도

東京都 都市整備局 都市づくり政策部 土地利用計画課 03-5388-3262	**都市開発諸制度(特定街区·再開発等促進区を定める地区計画·高度利用地区·総合設計)** ｜ 도시개발제도(특정가구·재개발 등 촉진구를 결정하는 지구계획·고도이용지구·종합설계)의 운용에 맞추어 옥상녹화를 실시함으로써 용적률을 할증하도록 한다. 각각의 제도 운용기준 등에 지정요건, 용적률 할증조건 등이 정해져 있다. • 2001년 4월 http://www.toshiseibi.metro.tokyo.jp
新宿区 都市計画部 建築課 建築審査係 03-5273-3742	**新宿区住宅総合設計制度** ｜ 종합설계제도란 일정 비율 이상의 공지가 있는 건축설계에 대해서 용적률 등의 제한을 완화함으로써 토지의 유효이용과 더불어 합리적인 이용 추진, 시가지 환경정비 개선을 도모하는 것을 목적으로 한 제도이다. 신주쿠구 종합설계는 일반형, 주택형과 함께 옥상녹화나 생활도로 확장 등 환경이나 방재를 배려한 것을 '생활환경형' 으로 자리매김하여 지역생활환경 개선을 유도한다. • 2001년 12월 http://www.city.shinjuku.tokyo.jp/division/400900kenchiku/hp.kenchiku/index.htm
大阪府 住宅まちづくり部 建築指導室 建築企画課 景観推進グループ 06-6941-0351(내선3028)	**屋上緑化に対する容積率割増** ｜ 기존의 공개공지에 따른 용적률 증가와 더불어 현행 기준에서 정하고 있는 용적률 증가 범위 내에서 옥상녹화 면적에 상응하는 건물 바닥면적을 용적률로서 할증하도록 한다. 현행 허가 조건인 공지의 30% 이상 녹화에 대해서 옥상녹화도 포함하여 30%로서 계상할 수 있도록 한다. 한편 지상에서 30%의 녹화를 하지 않는 경우에는 투수성 포장 등으로 환경에 대한 배려를 하도록 한다. • 2002년 4월 http://www.pref.osaka.jp/kenshi/keikan/utukusii/sougou/so-go-.html
大阪市 住宅局 建築指導部 建築企画課 06-6208-9284	**屋上緑化容積ボーナス制度(総合設計)** ｜ 종합설계제도의 기존 요건에 적합한 건축물로, 옥상녹화(수면의 정비를 포함)를 실시하고 녹화를 유지할 수 있는 관수설비를 설치하는 등의 요건을 충족한 건축물에 대해 다음과 같이 용적을 할증한다. 식재기반면적에 의한 옥상녹화면적 1㎡를 할증 용적률 산정기반이 되는 유효 공개공지면적 0.2㎡(평가계수 0.2) 비율로 환산하여 계상함으로써 할증 용적률을 높여준다. 다만, 기존 제도상의 할증한도를 상한으로 한다. • 2002년 5월

6) 기타 묘목 배포와 기술지도, 조언 등을 하는 제도

岐阜市 (財)岐阜市みどりのまち推進財団 058-262-6538	**壁面緑化奨励苗木配布事業** ｜ 공공도로에 접한 벽면에 덩굴식물을 줄지어 식재함으로써 벽면녹화를 실시할 경우 덩굴식물의 묘목을 배포한다(해당 식재지가 판매목적으로 이용되지 않는 것을 조건으로 한다). 이끼류 식재는 식재폭 5m 이상으로 하며, 또한 식재 그루수는 대략 2그루/m 이내로 한다(한도 100그루). • 1990년 5월
熱海市 観光文化部 花の都市づくり課 振興係 0557-86-6243	**みどりを育て守る条例** ｜ 도로에 접한 높이 1.5m 이상, 길이 3.6m 이상인 돌담 등에 식재할 경우 '덩굴 묘목' 을 지급한다. 지급에 대해서는 돌담 등의 높이 1m당 덩굴묘목 1그루로 한다. 다만 지급 그루수는 30그루까지이다. 또한 생울타리를 만들기 위해 필요한 경비의 1/2을 보조한다. 생울타리란 수목을 띠 형태로 식재하여 대나무나 수목 등의 보조재료를 이용하여 수목 상호간의 조합을 이루도록 한, 높이 1m 이상, 길이 5m 이상인 것이다. 보조금 한도액은 3만엔이다. • 1977년 3월 http://www.city.atami.shizuok.jp
熱海市 観光文化部 花の都市づくり課 振興係 0557-86-6243	**みどりを育て守る条例** ｜ 1,000㎡ 이상의 택지 조성 또는 총면적 1,000㎡ 이상의 건축물을 짓고자 하는 자는 녹화계획서를 제출하지 않으면 안 된다. 또한, 시민 및 사업자는 일정 구역의 녹화 추진과 녹음의 적절한 보전을 도모하기 위해 시장과 협의하여 수목의 식재 등에 관한 사항을 협정할 수 있다. 이 규정에 따라 일정 구역 내의 토지 또는 건물 소유자·점유자 혹은 관리인은 해당 구역의 녹화에 관한 협정을 체결할 수 있다. 녹화협정을 하고자 하는 자는 전원 합의에 의해 녹화협정서를 작성하여 시장의 승인을 얻어야 한다. • 1977년 3월 http://www.city.atami.shizuok.jp

浜松市 公園緑地部 緑化推進課 053-457-2565	**屋上及び壁面等への地被植物交付制度** I 건축물 옥상 및 벽면, 옹벽 등의 구조물에 대한 녹화를 촉진하는 자에 대해 필요한 지피식물을 지급한다. 3㎡ 이상의 녹화를 대상으로 하며, 옥상녹화에 대해서는 지속적으로 녹화가 이루어져 쉽게 관리할 수 있는 세덤류, 잔디, 아이비류, 조릿대류, 철쭉류 등을, 또한 주변에서 조망할 수 있는 위치의 벽면녹화(건축물·구조물)에 대해서는 등반성이 있는 모람류, 아이비류, 담쟁이덩굴 등의 덩굴식물 등을 지급한다. • 1999년 11월

벽면녹화 관련 도서

도서명
저자/ 감수자명
발행처
발행연도

最先端の緑化技術
亀山章他
ソフトサイエンス社
1989

花と緑のデザインマニュアル — 特殊緑化空間の緑化
(財)都市緑化技術開発機構
(財)都市緑化技術開発機構
1993

都市建築物の緑化手法
輿水肇監修·東京都新宿区
彰国社
1994

新·緑空間デザイン普及マニュアル — 特殊空間緑化シリーズ1
(財)都市緑化技術開発機構 特殊緑化共同研究会
誠文堂新光社
1995

新·緑空間デザイン技術マニュアル — 特殊空間緑化シリーズ2
(財)都市緑化技術開発機構 特殊緑化共同研究会
誠文堂新光社
1996

新·緑空間デザイン植物マニュアル — 特殊空間緑化シリーズ3
(財)都市緑化技術開発機構 特殊緑化共同研究会
誠文堂新光社
1996

つる植物による環境緑化デザイン — 特性と用途
近藤三雄
ソフトサイエンス社
1997

環境共生時代の都市緑化技術 — 屋上·壁面緑化技術のてびき
(財)都市緑化技術開発機構
大蔵省印刷局
1999

屋上緑化·壁面緑化 — 環境共生への道
建築思潮研究所
建築資料研究社
2002

緑の屋根, 緑の壁 — 夏涼しく冬暖かい「緑の冷暖房」
浅野未紗子·高岡千枝子·坂本亮·上田隆·斎藤尚己·西川直子
建築ジャーナル
2002

緑化施設整備計画の手引き
— 屋上緑化·壁面緑化などによる緑豊かな都市環境の創出を目指して
(財)都市緑化技術開発機構·国土交通省地域整備局公園緑地課緑地環境推進室
財務省印刷局
2002

都市緑化技術集
近藤三雄 監修, (財)都市緑化技術開発機構 協力
環境コミュニケーションズ
2003

新·緑空間デザイン設計·施工マニュアル — 特殊空間緑化シリーズ4
(財)都市緑化技術開発機構 特殊緑化共同研究会
誠文堂新光社
2004

立体緑化による環境共生 — その方法·技術から実施事例まで
下村孝·梅干野晁·輿水肇
ソフトサイエンス社
2005

やってみよう!壁面緑化 — 壁面緑化マニュアル
横浜市環境創造局環境科学研究所
横浜市環境創造局環境科学研究所
2005

屋上·壁面·特殊緑化技術コンクール作品集
(財)都市緑化技術開発機構
(財)都市緑化技術開発機構
2006

屋上建物緑化事典
建物緑化編集委員会
産業調査会
2005

呼吸する緑の壁 — バイオラング
バイオラング実行委員会
マルモ出版
2005

バイオラング技術概要書 — 壁面緑化による呼吸する都市構造膜の創造
(財)都市緑化技術開発機構
(財)都市緑化技術開発機構
2005

「都市緑化技術」 No57，2005春号(都市緑化機構機関紙)
[特集]愛・地球博のバイオラング壁面緑化技術
(財)都市緑化技術開発機構
(財)都市緑化技術開発機構
2005

벽면녹화 관련 공법·자재

명칭
특징
업체

벽면녹화공법

いこいの壁

다양한 식물이 가능한 패널형으로 특수 지탱자재(MBS)에 의한 입체녹화
イビデングリーンテック
03-5847-8372

グリニッチウォール壁面緑化システム

상록성 저목을 식재한 본격적인 벽면녹화시스템(자동관수 부착)
共同カイテック
03-3409-2388

マジカルグリーン多用途緑化基盤工法

4개 부분의 조합으로 벽면·경사지붕·지붕 등에 다용도로 사용할 수 있으며, 저렴한 비용을 실현
日本地工
048-283-1111

ヘデラ登ハンシステム

덩굴식물에 의한 빠르고, 확실하며, 저관리로 지속 가능한 벽면녹화를 실현한 시스템
ダイトウテクノグリーン
042-721-1703

アースウォールカーテンウォール型壁面緑化工法

식물성 섬유계 식물기반으로 물이끼를 메시 시트로 덮어 다양한 식물의 혼식이 가능한 경량형시스템(약 40kg/m^2)
石勝エクステリア
045-912-7548

壁面緑化工法·グリーンファサードモジュール型

높은 의장성과 다양한 디자인을 실현할 수 있으며, 교환이 용이한 조기 녹화공법. 유지관리체계도 충실
東邦レオ
03-5907-5500

壁面緑化工法·グリーンファサードユニット型

대면적을 조기에 녹화 가능한 덩굴식물과 유인 패널형 유닛. 유지관리체계도 충실
東邦レオ
03-5907-5500

ソッドピート壁面緑化システム

화이트 피트를 기반으로, 유닛화 한 것을 벽면에 설치하는 공법으로 조기 녹화가 가능
東武緑地
03-5619-6355

壁面緑化工法「つる自慢」

플랜터와 벽면녹화 패널 등으로 구성된 등반 및 하수 어느 방법도 선택 가능한 덩굴식물을 이용한 녹화시스템
清水建設
03-3820-5557

壁面緑化工法「ユニット型壁面緑化システム」

열융합한 배양토를 사용한 디자인성이 우수한 유닛형 녹화시스템
清水建設
03-3820-5557

i-green壁面緑化システム

차폐 펜스나 생울타리 대신에 덩굴식물 등을 이용하여 좁은 공간에서도 시공이 가능한 시스템
住友林業緑化
03-6832-2202

SUGIKO 緑化ウォール

설치 자유도가 높으며, 디자인성이 우수한 벽면녹화시리즈
杉孝
03-5447-5510

グリーンウォールサポート カネソウ緑化フェンスシステム

메인 프레임을 앵커 고정하는 자립형의 벽면녹화시스템으로, 트레이와 메시의 조합으로 자유로운 레이아웃이 가능
カネソウ
059-377-3232

ハミングポケット・膜を使った新壁面緑化システム

막 사용, 경량, 시공성이 좋고, 형태를 자유롭게 조성할 수 있으며, 주머니에 많은 토양을 확보할 수 있어 장기 육성. 표면 도장에 의한 표면이 더러워지는 것을 방지
建築緑化システム研究会
03-5323-3204

スナゴケを用いたモスグラス壁面緑化システム

이끼류와 인조잔디를 일체화 한 새로운 녹화 자재. 토양이 필요없음, 초경량(2kg/m^2)
積水樹脂
0748-58-2488

グリーススクエア壁面緑化システム

식재 부착 녹화기반을 알루미늄 프레임에 조립한 두께 60mm정도의 벽면녹화시스템
テクノウェーブ
03-3479-5796

垂直の森タウンタイプ

경량토양과 식물이 일체화 된 구조이므로 설치 직후부터 피해가 없이 지속적인 녹화가 가능
フクズミ
045-921-1262

緑のカーテン マップ式自動調湿底面潅水栽培法

저면에 물을 저류하여 토양을 일정 습도로 유지할 수 있으며, 전기를 사용하지 않고 식물을 센서로서 흡수된 만큼 급수함
マップ
03-3938-0880

軽量断熱プランター工法

단열성을 갖고 있어 식물의 생육장해요인을 경감, 요청에 따라 색·형태 가공이 가능
三井物産アグロビジネス
02-5200-3803

シルルプリード・インティ コケ植物を用いた工法

입체 네트식 이끼기반(シルルプリード・インティ)을 사용한 무식생 표면 등의 녹화기술시스템
モスキャッチシステムサービス
03-5652-3161

モスブロー壁面緑化パネル

유지관리가 불가능한 장소에 유지관리가 필요없는 이끼 녹화패널로 벽면녹화
モスブロー緑化工法研究会
03-3979-5200

エコブレスグリーン

세라믹판과의 조합으로, 초화류를 식재한 판 자체에 세덤 등을 활착시키는 공법
ドコー
03-5283-2220

壁面緑化タイルGIF-Tアルミレール乾式工法

외장 타일에 직접 녹화(물이끼)한 전혀 새로운 컨셉의 외장재를 사용한 시스템
ヒューネット
03-5204-3177

보조자재

TU型登はん網つる植物·果樹エスパリエのセット

다양한 구조의 벽면에 간단히 설치할 수 있는 설계
内山緑地建設
03-3523-1140

ツルパワーパネル(金網·ヤシ繊維マット併用補助資材)

입체 철망과 야자섬유제의 등반 매트를 일체화, 부착형 덩굴식물의 등반을 촉진

ダイトウテクノグリーン
042-721-1703

ツルパワーガード(つる伸長防止板)

가설 철판으로 덩굴의 신장을 조절하여 전정관리를 생력화
ダイトウテクノグリーン
042-721-1703

ツルパワープランター(連結型プランター)

식물의 지속성을 위해 연속적 식재기반을 확보한 연결식 대형 메시 플랜터
ダイトウテクノグリーン
042-721-1703

グリーンキープパネル(立体金網)

용접 철망을 입체화한 철망 패널 망눈 130×142.5mm, 높이 30~100mm
小岩金網
03-5828-8878

厚層金網立体金網(立体金網)

마름모형 철망을 입체적으로 짠 철망 망눈 50~70mm, 높이 30~50mm
小岩金網
03-5828-8878

ウエープラス立体金網(立体金網)

두꺼운 층의 철망에 웨이브를 주워 짠 철망 망눈 50mm, 높이 10~30mm
小岩金網
03-5828-8878

SUGIKO 緑化ウォール フリータイプ

식물 생장 전이라도 디자인성이 우수하며, 식물 특성을 고려한 시스템
杉孝
03-5447-5510

식재기반

ウォーターバンク感温性貯水給水マット

물의 침투성·형태 안정성이 좋은 우레탄폼에 감온성 수지를 분산시킨 기능성 매트
輿人
03-3242-3022

ツルパワーソイル(つる植物専用培土)

보수성·보비성·통기성이 우수하여 덩굴식물 생육에 적합한 배합의 유기질계 경량인공토양
ダイトウテクノグリーン
042-721-1703

ブロックビート

수직면에 설치할 수 있어 기반에 뿌리가 신장할 수 있는 유기질 3차원 섬유 블록

杉孝

03-5447-5510

벽면녹화용 식물

登はん・下垂用つる植物，エスパリエ用実なり植物

벽면녹화용으로 광범위한 식물

内山緑地建設

03-3523-1140

登はん・下垂用つる植物，エスパリエ用実なり植物

벽면녹화용으로 광범위한 식물

グンゼグリーン

048-290-6090

登はん・下垂用つる植物，エスパリエ用実なり植物

벽면녹화용으로 광범위한 식물

住友林業緑化

03-6832-2202

登はん・下垂用つる植物，エスパリエ用実なり植物

벽면녹화용으로 광범위한 식물

富士植木

03-3265-6736

특수녹화공동연구회(特殊緑化共同研究会) (2005년 현재)

高田利生 (株)朝日興産
松村浩明 (株)石勝エクステリア
馬詰大輔 伊藤忠林業(株)
関根 武 内山緑地建設(株)
内田伸二 共同カイテック(株)
長井 龍 グンゼグリーン(株)
山田 守 (株)興人
寺澤雅樹 (株)ジェイベック
大森僚次 (株)三宝緑化
橘 大介 清水建設(株)
日下部友昭 住友林業緑化(株)
佐々木健司 積水化成品工業(株)
後藤良昭 田島ルーフィング(株)
石川嘉崇 電源開発(株)
杉本治久 (株)トーシンコーポレーション
前田正明 東邦レオ(株)
古部 悟 日本地工(株)
宇田川健太郎 箱根植木(株)
武内孝純 (株)日比谷アメニス
野島義昭 (株)プレック研究所
戸邊欣一 ヤハギ緑化(株)
藤田 茂 (有)緑花技研

熊井千代治 (株)アルファ計画研究所
伊藤孝己 (株)伊藤商事
直木 哲 イビデングリーンテック(株)
狩谷達之 (株)環境・グリーンエンジニア
新谷典正 (有)グリーンライフシステム
佐藤良信 小岩金網(株)
岩崎和夫 三興興建装(株)
三本正憲 (株)JSP
丹治真紀子 (株)ジオスケープ
大久保卓也 (株)杉孝
小野文夫 西武造園(株)
牧 隆 ダイトウテクノグリーン(株)
池本栄樹 (株)チュウブ
菊本 譲 (株)東京ランドスケープ研究所
東村忠義 (株)東武緑地
今出淳一 日鉄建材工業(株)
堀口 剛 (株)ネオジャグラス
林 加奈子 (株)林物産
大畠雅弘 (株)富士植木
(株)森緑地設計事務所
豊田幸夫 (株)ランドスケープデザイン

(社名アイウエオ順)

(財)都市緑化技術開発機構事務局

五十嵐 誠
石田 晶
今井一隆
半田真理子
菊地新一
藤田知己

본문 집필자 일람　감수 : 橘　大介

橘　大介　清水建設(株)　Q0,Q9,Q10,Q16,Q21,Q39,Q44,Q48

山田宏之　和歌山大学　Q1~Q6,Q11

薬師寺　圭　清水建設(株)　Q7,Q12

藤田知己　(財)都市緑化技術開発機構　Q8

今井一隆　(財)都市緑化技術開発機構　Q13~Q14

豊田幸夫　(株)ランドスケープデザイン　Q15,Q22,Q38

牧　隆　ダイトウテクノグリーン(株)　Q17,Q23,Q29,Q32,Q34,Q41,Q46,Q50,Q54,Q59

馬詰大輔　伊藤忠林業(株)　Q18,Q49

直木　哲　イビデングリーンテック(株)　Q19,Q25,Q26,Q35,Q42,Q47,Q58

菊地新一　(財)都市緑化技術開発機構　Q20

数珠　孝　東邦レオ(株)　Q24,Q33,Q51,Q52

藤田　茂　(有)緑花技研　Q27,Q28,Q45

佐藤良信　小岩金網(株)　Q30,Q31,Q40

佐藤忠継　イビデングリーンテック(株)　Q36

岸本秀隆　(株)杉孝　Q37

関根　武　内山緑地建設(株)　Q43

木村勝男　小岩金網(株)　Q53

石田　晶　(財)都市緑化技術開発機構　Q55

熊井千代治　(株)アルファ計画研究所　Q56

狩谷達之　(株)環境・グリーンエンジニア　Q57

山田　守　(株)興人　Q60

島袋　出　積水化成品工業(株)　Q61

(집필순)

그림 · 자료편집

橘　大介

菊地新一

今井一隆

直木　哲

牧　隆

藤田知己

맺음말

(재)도시녹화기술개발기구 특수녹화공동연구회는 1990년대 이른 시기부터 벽면녹화를 포함한 입체적인 녹화에 관심을 가지고 가까운 미래의 도시상에 대해서 연구해 왔다. 그리고 21세기를 맞이하여 본격적인 벽면녹화의 사례가 생기기 시작했으며, 더불어 2005년 아이치 세계박람회의 세계 최대급 녹화벽 '바이오렁' 등을 계기로 벽면녹화에 대한 관심이 비약적으로 높아진 것을 배경으로 이번『알아야 할 벽면녹화의 Q & A』를 기획 편집하게 되었다. 이 책은 벽면녹화의 효과 · 효용과 계획, 설계, 시공, 유지관리, 시공사례 등 벽면녹화를 둘러싼 Q (question, 질문, 알고 싶은 것)를 62개 항목으로 정리하여 해설하고, 더불어 보급추진제도나 도서, 자재 등 최신의 관련 자료를 실었다. 각각의 항목은 실제로 벽면녹화에 관련된 기술 포인트를 파악한 사람들의 관점에서 설명하였다. 이 책은 녹음에 관심이 있는 사람들의 지식과 경험을 살려 의논을 거듭하여 완성된 것이므로 시기적절하게 이 책을 여러분들에게 소개하게 된 것은 집필 · 편집에 참여한 모든 사람의 기쁨일 것이다.

이 책이 벽면녹화라는 새로운 분야에 관계된 전문가들이나 행정관계자, 녹화기술을 배우는 분들, 녹음을 사랑하는 분들 등에게 널리 활용된다면 행복할 것이다. 이 책에 앞서 출판된『알아야 할 옥상녹화의 Q & A』와 함께 이 책이 녹음이 풍부한 도시 조성이나 환경공생도시(에코시티)의 구축에 도움이 되기를 바라는 바이다.

이 책의 작성에 있어서 많은 분들로부터 지도, 협력을 받았다. 지면을 빌려 관계자 모두에게 심심한 감사의 마음을 전한다.

또한, 마지막으로 이 책의 출판에 있어서 편집 전반부터 세부사항에 이르기까지 도움을 주신 가지마출판회 여러분에게 심심한 감사를 드린다.

재단법인 도시녹화기술개발기구
도시녹화기술연구소장　한다 마리코

역자 후기

이미 토지의 고도이용이 진행된 도시에서 새로이 토지를 매입하여 대단위 녹지를 조성한다는 것은 현실적으로 매우 어려운 일이다. 도시에 녹지가 필요하다고 생각하는 사람들조차 천문학적인 비용을 투자하여 녹지를 조성하는 정책에는 쉬 찬성하기 어려울 것이다. 이러한 상황에서 도시 내 녹지를 확보할 수 있는 유일한 해결책은 건물의 옥상이나 벽면을 녹화하는 방안이다. 특히 도시의 녹지면적이 절대 부족한 우리나라의 경우 저렴한 비용으로 녹지를 확대하기 위해 효과 좋은 방안 중의 하나가 건물의 옥상이나 벽면을 녹화하는 것이므로 향후 우리가 중점적으로 노력해야 할 분야라고 생각된다. 한편, 고층건물일수록 건물 전체의 표면적 중 옥상이 차지하는 비율은 미미하다고 할 수 있다. 무엇보다도 초고층빌딩에서는 표면적의 대부분이 벽면이라고 해도 과언이 아닐 것이다. 따라서 도시에서 적극적으로 녹지의 양을 늘리고자 할 경우 벽면을 녹화하는 것은 필수 과제라고 할 수 있다. 물론 벽면녹화가 옥상녹화와 동등한 존재 가치가 있는 것은 아니지만, 그래도 도시 내 거대 벽면을 녹화할 수 있다면 옥상녹화만으로 실현하기 어려운 도시환경의 개선효과를 얻을 수 있을 것으로 기대한다.

이 책을 펴낸 재단법인 도시녹화기술개발기구는 도시녹화 관련 전문가들로 구성된 연구기관으로, 특수녹화공동연구회를 구성하여 옥상이나 벽면 등 인공지반에 대한 녹화기술의 연구개발 및 보급을 목적으로 활발히 활동하고 있으며, 이 책은 특수녹화공동연구회의 연구성과를 정리한 것이다.

이 책은 벽면녹화의 효과·효용, 계획, 설계, 시공, 유지관리, 시공사례 그리고 관련 자재로 구성되어 있으며, 각 장별로 주제와 관련된 내용을 묻고(Q), 답하는(A) 형식으로 되어 있어 벽면녹화 설계가 시공자, 관리자는 물론 일반인도 쉽게 이해할 수 있는 벽면녹화의 기본 지침서라는 느낌을 받았다.

이 책이 벽면녹화에 관심이 있는 분들에게 참고가 되고, 나아가 보다 다양하고 쾌적한 도시녹화공간을 창출함에 조금이나마 도움이 되기를 기대한다. 끝으로 역서가 출판되기까지 시종일관 애써주신 기문당의 강해작 사장님과 관계자 여러분께 감사의 말씀을 드린다.

2009년 7월

역 자

역자소개

김원태

성균관대학교 조경학과 졸업
일본 지바대학 대학원 농학박사
(주)한설그린 연구실장
현재 천안연암대학 환경조경과 교수
한국녹지환경디자인학회 집행이사

윤용한

건국대학교 임학과 졸업
일본 지바대학 대학원 학술박사
현재 건국대학교 산림과학과 교수
한국환경과학회 중부권 위원장
한국녹지환경디자인학회 총무이사

한규희

동아대학교 원예학과 졸업
일본 지바대학 대학원 조원학과 졸업
주식회사 그락크 근무
현재 재단법인 도시녹화기술개발기구 연구제2부 연구원

알아야 할

벽면녹화의 Q & A

2009년 8월 10일 1판 1쇄 인쇄
2009년 8월 15일 1판 1쇄 발행

편 저 재단법인 도시녹화기술개발기구 특수녹화공동연구회
역 자 김원태 윤용한 한규희
발 행 인 강 해 작
발 행 처 기 문 당
주 소 서울시 성동구 공명길 39(하왕십리동 966-22)
02) 2295-6171(代)~5
전 화 02) 2296-8188
팩 스 1970. 10. 7(1-44)
출판등록 http://기문당
홈페이지 http://www.kimoondang.com
I S B N 978-89-6225-162-3 93540
정 가 15,000원